王靖 编著

CINEMA 4D
电商设计基础与实战
（全视频微课版·第2版）

新印象

NEW IMPRESSION

人民邮电出版社
北京

图书在版编目（CIP）数据

新印象：CINEMA 4D电商设计基础与实战：全视频微课版 / 王靖编著. -- 2版. -- 北京：人民邮电出版社，2023.9
ISBN 978-7-115-61731-6

Ⅰ. ①新… Ⅱ. ①王… Ⅲ. ①三维动画软件 Ⅳ. ①TP391.414

中国国家版本馆CIP数据核字(2023)第080712号

内 容 提 要

本书是一本讲解Cinema 4D电商三维设计与制作全流程的实战教程。

全书共12章，从Cinema 4D的基础操作入手，用9个基础案例和10个不同风格的综合商业案例，讲解了Cinema 4D基本使用技巧，以及Cinema 4D建模、材质、灯光和渲染在电商设计中的运用，同时还讲解了RealFlow流体特效的制作方法。

本书附赠书中所有案例的工程文件及配套视频教程，以及一套针对零基础读者的软件基础操作视频教程。另外，本书还附赠配套PPT课件，供教师使用。

本书适合电商设计行业的相关从业者及想学习Cinema 4D的设计师阅读，同时适合作为相关培训机构及相关院校的参考教材。

◆ 编　著　王　靖
　责任编辑　张丹阳
　责任印制　马振武

◆ 人民邮电出版社出版发行　北京市丰台区成寿寺路11号
　邮编　100164　电子邮件　315@ptpress.com.cn
　网址　https://www.ptpress.com.cn
　北京瑞禾彩色印刷有限公司印刷

◆ 开本：775×1092　1/16
　印张：17.5　　　　　　　　2023年9月第2版
　字数：574千字　　　　　　2023年9月北京第1次印刷

定价：99.80元

读者服务热线：(010)81055410　印装质量热线：(010)81055316
反盗版热线：(010)81055315
广告经营许可证：京东市监广登字20170147号

第 3 章　车间流水线风格：手机加工厂 /103

第 4 章　低多边形风格：啤酒海报 /123

第 6 章 机械科幻风格：食品包装海报 /167

第 12 章 RealFlow 流体风格：啤酒海报 /271

第 7 章 迷幻霓虹灯风格：可乐海报 /187

第 5 章 游乐场风格：派对乐园 /145

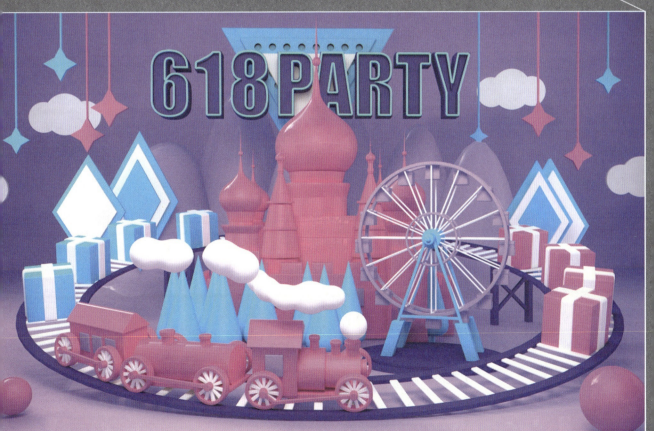

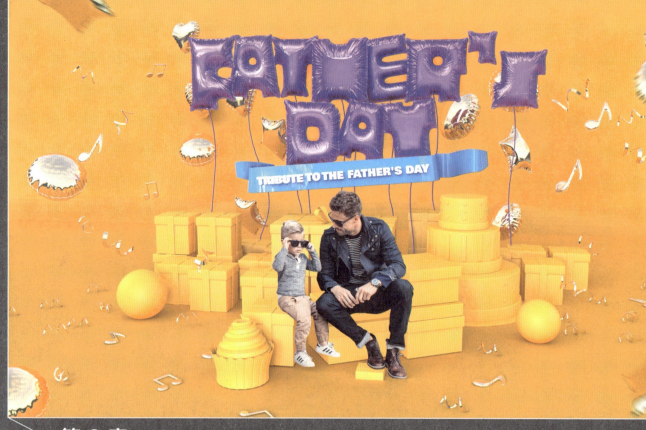

第 8 章 节日气球风格：父亲节海报 /203

第 9 章 卡通角色风格：萌萌狗海报 /223

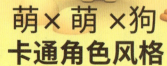

■ 萌萌狗卡通角色风格

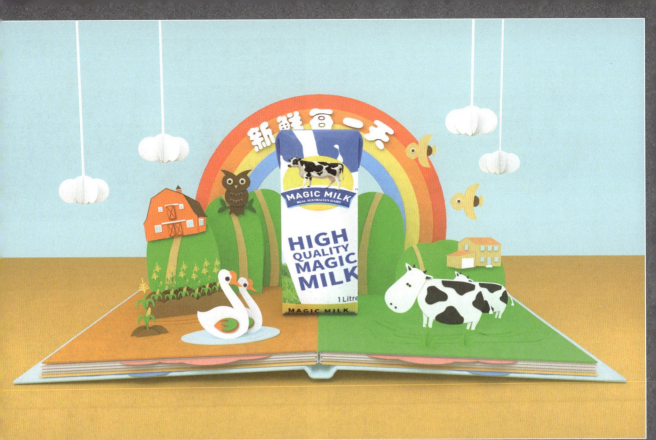

第 10 章　创意折纸风格：牛奶海报 /235

第 11 章　创意科幻风格：星球海报 /261

2.1.2 基础几何：有轨电车 /029

2.1.3 样条线建模：可乐玻璃瓶 /045

2.1.4 造型工具建模：骰子图标 /057

2.1.5 变形器工具建模：液态凤梨 /064

2.2.2 材质渲染：金属文字 /089

2.2.4 材质渲染：玻璃高脚杯 /091

2.2.5 材质渲染：玉龙 /091

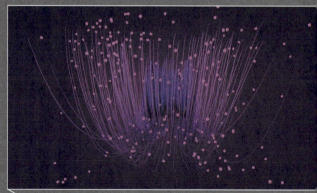
2.3.2 粒子特效：抽象光线 /099

推 荐

排名不分先后

作为一个需要与产品不断打交道的创业者，对产品设计行业的关注一刻也没有停止。无论是做平面、网页还是UI，三维的视觉表现已经成为互联网时代标准设计师必备的技能。

——互联网创业者 赛门

本书是我的好朋友王靖潜心闭关一年多完成的，相信通过书中大量的案例和详细的操作训练，能帮助读者轻松掌握Cinema 4D电商设计的窍门。

——PRD联合设计总监 rwds

MAGIC（王靖）的这本书是一本面向电商设计的三维设计图书。本书从多个角度讲解了Cinema 4D在三维创作中的视觉表现，用细致入微的操作讲解和通俗易懂的语言，帮助读者更深层次地认识和运用Cinema 4D，对于想要进阶和提高技能的设计师来说是一个更佳的选择。

——麦肯光明 唐巍伟

这本书系统地讲解了Cinema 4D在电商创作中的视觉表现，同时针对各种风格进行了逐一讲解。本人认为本书对电商设计师、平面设计师及网页设计师来说都是一本很实用的参考书。

——学汇网课程运营经理 LORI

这本书可以为广大设计师带来巨大的帮助。全书内容细致易懂、由易到难，有助于读者轻松学习Cinema 4D。另外，书中很多案例可以运用到我们的工作中去，因而推荐给大家！

——阳狮美术指导 Laura Wang

本书内容从简单到复杂，用浅显易懂的语言向读者讲述各种设计中的技法，能帮助我们解决三维设计过程中的难题。我相信无论是对做平面设计、电商设计，还是做UI设计的读者，本书都可以帮助大家有一定的提升！

——D1M设计指导 代伟

本书对Cinema 4D的视觉风格进行了分类，同时配上合适的案例进行逐一讲解。对于网页设计师、平面设计师和电商设计师而言，如果想要在三维视觉技能上有所提升，那么阅读本书是一个不错的选择。

——阳狮美术指导 Demi.Ma（马丽娟）

前 言

本书是为了让活跃在平面、电商及网页设计领域的设计师能够将三维视觉设计和二维视觉设计进行结合的技法书。市面上的Cinema 4D图书，大多是与电视包装和影视后期相关的，而Cinema 4D与平面、电商及网页设计的图书偏少。基于这个原因，我萌生了编写这本能够让平面、电商及网页设计师都能学习和运用的三维设计书。

本书共12章内容。

第1章主要介绍Cinema 4D的模型创建、材质运用、动画制作、粒子系统和渲染五大功能模块，界面操作窗口、常用的快捷键和Cinema 4D在电商海报中的应用与风格等。

第2章通过9个案例深入讲解Cinema 4D在模型创建、材质制作和粒子特效制作中的常用方法和技巧。

第3章～第11章共讲解9个大型全流程商业综合案例的设计方法与制作技巧。这是本书最重要的部分，每一个案例都有一种风格，包含车间流水线风格、低多边形风格、游乐场风格、机械科幻风格、迷幻霓虹灯风格、节日气球风格、卡通角色风格、创意折纸风格和创意科幻风格。这9个案例用详细的图文讲解了模型的创建与组合、材质的调整与赋予、HDRI天空环境及灯光的创建和调整等。对读者来说，学完这个部分，基本可以掌握常见风格的三维视觉作品的制作方法和流程。

第12章讲解一个大型全流程的商业流体风格案例的设计方法与制作技巧。主要讲解如何使用Cinema 4D的流体插件RealFlow来制作流体特效。在电商设计中，流体特效是一种很常见的视觉特效。流体特效不仅可以让作品变得更有趣，还可以增强画面的动感。

希望读者通过学习本书能够提高个人的设计能力，设计出更为优秀的作品。

书中难免会有一些疏漏之处，敬请读者批评指正，在此深表感谢！

王靖

2023年3月

资源与支持

本书由数艺设出品,"数艺设"社区平台(www.shuyishe.com)为您提供后续服务。

配套资源

实例文件:书中所有案例需要的工程文件和素材文件。

视频教程:书中所有案例的完整制作思路和制作细节讲解。

软件基础操作视频教程:88集CINEMA 4D软件基础操作的讲解视频。

PPT课件:12章PPT课件。

资源获取请扫码

(提示:微信扫描二维码关注公众号后,输入51页左下角的5位数字,获得资源获取帮助。)

(提示:扫码在线观看教学视频。)

"数艺设"社区平台,为艺术设计从业者提供专业的教育产品。

与我们联系

我们的联系邮箱是 szys@ptpress.com.cn。如果您对本书有任何疑问或建议,请您发邮件给我们,并请在邮件标题中注明本书书名及ISBN,以便我们更高效地做出反馈。

如果您在网上发现针对数艺设出品图书的各种形式的盗版行为,包括对图书全部或部分内容的非授权传播,请您将怀疑有侵权行为的链接通过邮件发给我们。您的这一举动是对作者权益的保护,也是我们持续为您提供有价值的内容的动力之源。

关于数艺设

人民邮电出版社有限公司旗下品牌"数艺设",专注于专业艺术设计类图书出版,为艺术设计从业者提供专业的图书、视频电子书、课程等教育产品。出版领域涉及平面、三维、影视、摄影与后期等数字艺术门类,字体设计、品牌设计、色彩设计等设计理论与应用门类,UI设计、电商设计、新媒体设计、游戏设计、交互设计、原型设计等互联网设计门类,环艺设计手绘、插画设计手绘、工业设计手绘等设计手绘门类。更多服务请访问"数艺设"社区平台www.shuyishe.com。我们将提供及时、准确、专业的学习服务。

目 录

第 1 章 Cinema 4D 与电商设计   017

1.1	了解 Cinema 4D	018
1.2	Cinema 4D 的功能	018
1.2.1	模型的创建	018
1.2.2	材质的运用	018
1.2.3	动画的制作	019
1.2.4	粒子系统的运用	020
1.2.5	渲染的运用	020
1.3	Cinema 4D 界面操作窗口	021
1.4	Cinema 4D 的常用快捷键	022
1.5	Cinema 4D 在电商海报中的应用	022
1.6	Cinema 4D 在电商海报创作中的风格	023
1.6.1	车间流水线风格	023
1.6.2	低多边形风格	023
1.6.3	游乐场风格	023
1.6.4	机械科幻风格	024
1.6.5	迷幻霓虹灯风格	024
1.6.6	节日气球风格	024
1.6.7	卡通角色风格	025
1.6.8	创意折纸风格	025
1.6.9	创意科幻风格	025
1.6.10	RealFlow 流体风格	026

第 2 章 Cinema 4D 的基本技巧   027

2.1	建模	028
2.1.1	建模的常用工具	028
▶ 2.1.2	基础几何：有轨电车	029
▶ 2.1.3	样条线建模：可乐玻璃瓶	045
▶ 2.1.4	造型工具建模：骰子图标	057
▶ 2.1.5	变形器工具建模：液态凤梨	064
2.2	材质制作	074
2.2.1	材质编辑器详解	075
▶ 2.2.2	材质渲染：金属文字	089
▶ 2.2.3	材质渲染：陶瓷茶壶	090
▶ 2.2.4	材质渲染：玻璃高脚杯	091
▶ 2.2.5	材质渲染：玉龙	091
2.3	粒子特效制作	092
2.3.1	粒子发射器与力场	092
▶ 2.3.2	粒子特效：抽象光线	099

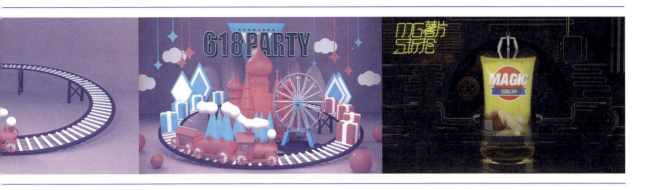

第 3 章 车间流水线风格：手机加工厂　　　　　　103

3.1 主体模型的制作	104	
3.1.1 主体加工区模型的创建	105	
3.1.2 发动机区建模	111	
3.1.3 电池温度区模型的创建	112	
3.1.4 记忆存储区模型的创建	113	
3.1.5 管道传送区模型的创建	116	
3.1.6 散热区模型的创建	116	
3.2 设置材质	118	

3.2.1 黄色材质　　　　118
3.2.2 米白色材质　　　119
3.2.3 玻璃材质　　　　119
3.2.4 条纹材质　　　　120

3.3 添加灯光　　　　　121
3.3.1 主光源　　　　　121
3.3.2 辅助光源　　　　121

3.4 设置环境　　　　　121

第 4 章 低多边形风格：啤酒海报　　　　　　　　123

4.1 主体模型的制作　　　124
4.1.1 啤酒部分模型的创建　　125
4.1.2 树木与云彩模型的创建　　133
4.1.3 场地模型的创建　　135

4.2 设置材质　　　　　136
4.2.1 啤酒瓶玻璃材质　　136
4.2.2 啤酒瓶贴图材质　　136
4.2.3 啤酒瓶盖材质　　　137
4.2.4 啤酒瓶盖 LOGO 材质　　138

4.2.5 叶子及树干材质　　138
4.2.6 云彩及太阳材质　　139
4.2.7 草地、水和土地材质　　139
4.2.8 金属材质　　　　140
4.2.9 文字材质　　　　141

4.3 添加灯光　　　　　142
4.3.1 主光源　　　　　142
4.3.2 辅助光源　　　　142

4.4 设置环境　　　　　143

第 5 章 游乐场风格：派对乐园　　145

5.1	主体模型的制作	146
5.1.1	城堡模型的创建	147
5.1.2	摩天轮模型的创建	149
5.1.3	火车轨道模型的创建	152
5.1.4	火车模型的创建	153
5.1.5	礼物及树木模型的创建	157
5.1.6	文字模型的创建	157
5.1.7	其他的背景元素模型的创建	159
5.2	设置材质	160
5.2.1	城堡材质	160
5.2.2	摩天轮材质	160
5.2.3	火车和轨道材质	161
5.2.4	树木和礼盒材质	162
5.2.5	文字材质	163
5.2.6	背景组合材质	164
5.3	添加灯光	164
5.3.1	主光源	165
5.3.2	辅助光源	165
5.4	设置环境	165

第 6 章 机械科幻风格：食品包装海报　　167

6.1	主体模型的制作	168
6.1.1	食品主体区模型的创建	169
6.1.2	背景区建模	171
6.1.3	文字牌匾区建模	177
6.1.4	其他区建模	177
6.2	设置材质	180
6.2.1	食品包装材质	181
6.2.2	舞台材质	181
6.2.3	金色材质	182
6.2.4	机械爪材质	182
6.2.5	文字材质	182
6.3	添加灯光	184
6.4	设置环境	184

第 7 章 迷幻霓虹灯风格：可乐海报　　187

7.1	主体模型的制作	188
7.1.1	霓虹文字区模型的创建	188
7.1.2	背景区建模	189
7.1.3	易拉罐建模	193

7.2	设置材质	197	7.3 添加灯光	200
7.2.1	霓虹文字材质	197	7.3.1 主光源	200
7.2.2	舞台背景材质	199	7.3.2 辅助光源	200
7.2.3	易拉罐材质	199	7.4 设置环境	201

第 8 章 节日气球风格：父亲节海报 203

8.1	主体模型的制作	204	8.2.2 气球材质	218
8.1.1	气球文字和彩带装饰建模	205	8.2.3 礼盒材质	219
8.1.2	气球建模	208	8.2.4 人物材质	219
8.1.3	礼品建模	212	8.3 添加灯光	219
8.1.4	冰激凌和蛋糕建模	214	8.3.1 主光源	220
8.2	设置材质	217	8.3.2 辅助光源	220
8.2.1	气球文字和彩带装饰材质	217	8.4 设置环境	220

第 9 章 卡通角色风格：萌萌狗海报 223

9.1	主体模型的制作	224	9.3 添加灯光	232
9.1.1	萌萌狗模型的创建	224	9.3.1 主光源	232
9.1.2	舞台元素的创建	228	9.3.2 辅助光源	233
9.2	设置材质	229	9.4 设置环境	233
9.2.1	萌萌狗材质	229		
9.2.2	背景元素材质	231		

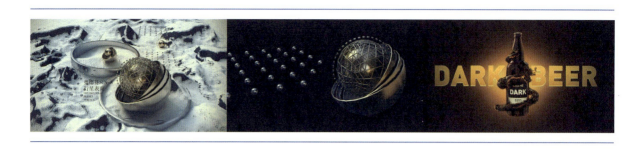

第 10 章　创意折纸风格：牛奶海报　　235

10.1	主体模型的制作	236
10.1.1	牛奶盒建模	237
10.1.2	舞台书籍建模	238
10.1.3	剪纸卡通区建模	240
10.2	设置材质	243
10.2.1	牛奶盒贴图材质	243
10.2.2	牛奶盒包装材质	244
10.2.3	书籍材质	244
10.2.4	猫头鹰材质	247
10.2.5	大鹅材质	249
10.2.6	小鸟材质	250
10.2.7	彩虹材质	251
10.2.8	山脉材质	254
10.2.9	房屋材质	255
10.2.10	玉米材质	257
10.2.11	云彩材质	258
10.3	添加灯光	259
10.3.1	主光源	259
10.3.2	辅助光源	259
10.4	设置环境	259

第 11 章　创意科幻风格：星球海报　　261

11.1	主体模型的制作	262
11.1.1	抽象几何体的创建	262
11.1.2	地形的创建	265
11.2	设置材质	265
11.2.1	抽象几何体材质	265
11.2.2	雪山颜色材质	266
11.2.3	雪山凹凸材质	268
11.3	设置环境	269
11.4	后期处理	269

第 12 章　RealFlow 流体风格：啤酒海报　　271

12.1	流体插件 RealFlow	272
12.2	创建模型	273
12.2.1	啤酒瓶模型的创建	273
12.2.2	旋转液体的创建	274
12.3	设置材质	276
12.3.1	啤酒瓶盖材质	276
12.3.2	啤酒瓶材质	276
12.3.3	啤酒液体材质	277
12.3.4	啤酒瓶贴图材质	277
12.4	添加灯光	278
12.4.1	主光源	278
12.4.2	辅助光源	278
12.5	设置环境	279

第 1 章

Cinema 4D 与电商设计

1.1 了解Cinema 4D

Cinema 4D在电影、电视包装、游戏开发、建筑设计和网页设计等视觉设计的描绘中都有较好的表现，提高了设计的效率。Cinema 4D功能丰富、操作便捷，即便是新用户也能在短时间内上手运用，这也是它逐渐在设计行业流行起来的原因。

Cinema 4D软件启动界面如图1-1所示。

图1-1

1.2 Cinema 4D的功能

Cinema 4D可以分为五大功能模块，分别为模型的创建、材质的运用、动画的制作、粒子系统的运用和渲染的运用等，下面逐一进行介绍。

1.2.1 模型的创建

图1-2和图1-3所示是Cinema 4D创建的模型效果。Cinema 4D中提供了多种多样的几何形体，利用这些几何形体可以创作出丰富多样的几何造型。将这些几何形体转化为可编辑的多边形，然后结合Cinema 4D工具栏中的曲线建模工具组、造型工具组和变形工具组，可以制作出一些高精度且复杂的多边形模型，从而更快、更高效地创作出我们想要的3D模型。

图1-2

图1-3

1.2.2 材质的运用

Cinema 4D的材质创建非常方便和快捷。在创建材质时有两种方法：第1种是系统材质，即Cinema 4D自带的玻璃、木材、有机物、金属、大理石、复合物及毛发材质等，这些材质可以直接放到相关的模型中进行渲染；第2种是用户自己调整的材质,通过调整"材质编辑器"窗口中材质的颜色、漫射、发光、烟雾、凹凸、法线、Alpha、辉光和置换等属性,可以模拟出各种现实中的物理材质效果,从而使模型效果更为逼真。

图1-4和图1-5所示的是赋予材质贴图后的模型效果图,可以看出无论是玻璃材质还是金属材质,Cinema 4D都能够处理得十分形象。

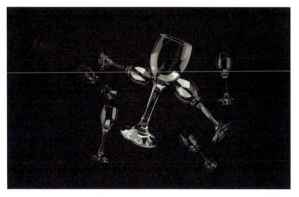

图1-4　　　　　　　　　　　　　　　　　　　　　　　　　　　　　　　图1-5

1.2.3　动画的制作

Cinema 4D动画是通过关键帧制作出来的。在"时间线窗口"中可以调整动画的关键帧(快捷键为Shift+F3),如图1-6和图1-7所示。

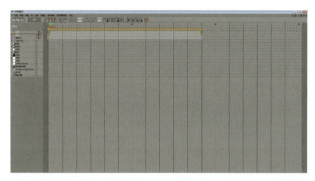
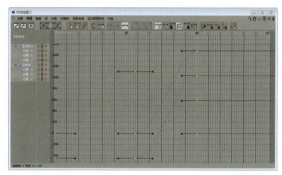

图1-6　　　　　　　　　　　　　　　　　　　　　　　　　　　　　　　图1-7

"时间线窗口"可以同时对编辑对象的多个属性层进行管理。例如,将制作对象向上移动的同时可以对其进行缩放及调整不透明度等,方便制作出比较丰富的动画效果。图1-8展示的是钢铁侠头部模型的组装过程。

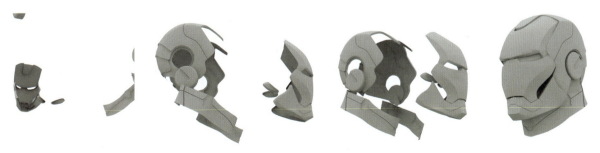

图1-8

1.2.4 粒子系统的运用

Cinema 4D自带的粒子系统简单易操作。通过Cinema 4D自带的粒子,可以轻松、快速地制作出丰富多变的艺术表现效果。在粒子的表现过程中,以任何的几何元素来充当粒子的表现形式,再加上粒子在运动过程中添加的各式各样的力场,如引力、反弹、重力和摩擦力等,都可以让粒子在三维空间中的表现更丰富,如图1-9所示。

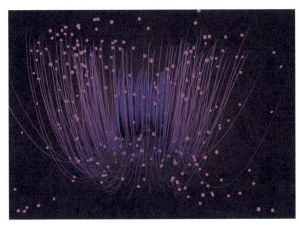

图1-9

1.2.5 渲染的运用

Cinema 4D的渲染功能强大,可以在短时间内渲染出逼真效果的图像,且图片质量比较高。

在"渲染设置"窗口中,"全局光照"和"环境吸收"是很重要的两个性能。"全局光照"可以快速对物体表面的灯光进行首次和二次反弹的采样计算,从而快速地渲染出物体表面的漫射、投影和凹凸等效果。"环境吸收"可以在渲染过程中丰富暗部角落及物体投影,从而使渲染出来的画面效果更加真实,如图1-10和图1-11所示。

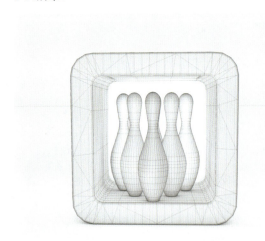
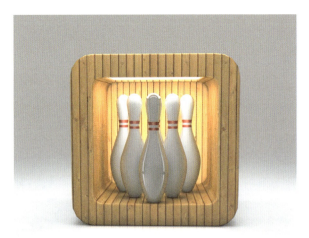

图1-10   图1-11

1.3 Cinema 4D界面操作窗口

Cinema 4D的初始界面由标题栏、菜单栏、工具栏、视图窗口、对象面板、属性面板、动画面板、材质面板、坐标面板和编辑模式工具栏等构成，如图1-12所示。

图1-12

重要参数讲解

① 标题栏：显示软件的版本、当前工程文件的标题，以及最小化、最大化和关闭按钮。

② 菜单栏：几乎包含Cinema 4D所有的操作命令。

③ 工具栏：提供了Cinema 4D常用的选择、移动、缩放、旋转、轴向、渲染的工具，以及几何形体、样条线、曲线建模、造型、场景摄像机和灯光等模型创建工具。

④ 视图窗口：创作作品的视窗。通过左右前后及透视图等多个视角去观察和编辑相关模型，视窗的位置及方向可以调整，在视窗中最多展现4个窗口。

⑤ 对象面板：用于显示该创作窗口中的所有对象及其属性和对象间的层级关系。在面板中可以为对象添加标签，执行父子级关系、编组和重命名等操作。

⑥ 属性面板：用于调整选中物体的坐标、细节、可见、材质及灯光等属性。

⑦ 动画面板：即时间线，用于对操作对象进行动画播放、添加关键帧等操作，并且可以调整操作对象的轴长和帧数。

⑧ 材质面板：显示当前场景中的所有材质，双击空白处可以创建新材质。用鼠标双击材质面板中的任何一个材质图标即可弹出"材质编辑器"窗口，可以对材质进行调整。

⑨ 坐标面板：对物体的轴向、尺寸和角度进行精确的调整。

⑩ 编辑模式工具栏：对转为可编辑对象的物体进行点、线和面等的调整。

此外，在Cinema 4D中还有一些隐藏的面板。随着学习的不断深入，读者可以自行探索。

1.4 Cinema 4D的常用快捷键

Cinema 4D中有很多工具和命令可以通过快捷键直接执行,可以帮助用户提高工作效率。同时,Cinema 4D支持用户自定义设置快捷键,给工具和命令设置想要的快捷键。下面列举一些工作中常用的快捷键。

9:实时选择工具
0:框选工具
8:套索工具
E:移动工具
T:缩放工具
R:旋转工具
Space(空格):切换到最近使用的工具
X:锁定/解锁x轴向
Y:锁定/解锁y轴向

Z:锁定/解锁z轴向
W:使用全局/对象坐标系统
C:转为可编辑对象
Ctrl+R:渲染到活动视图
Shift+R:渲染到图片查看器
Ctrl+B:编辑渲染设置
Alt+B:打开创建动画预览窗口
Alt+鼠标左键:旋转视图
Alt+鼠标右键:缩放视图

Alt+鼠标中键:移动视图
单击鼠标中键:切换为视图窗口
F1:切换为透视视图
F2:切换为顶视视图
F3:切换为右视视图
F4:切换为正视视图
U-Y:扩展选区
U-L:循环选择
Shift+F:转到动画起点

Shift+G:转到动画终点
Ctrl+F:转到上一关键帧
Ctrl+G:转到下一关键帧
F:转到上一帧
G:转到下一帧
F8:向前播放
F6:向后播放
Ctrl+F9:自动记录关键帧

若读者想了解和自定义设置Cinema 4D的快捷键,则可以执行"窗口>自定义布局>自定义命令"菜单命令,打开"自定义命令"窗口,如图1-13所示。单击红框标注①的位置即可看到Cinema 4D软件默认的快捷键,选中一个有快捷键的工具或命令名称,将鼠标光标放在红框标注②的位置,并输入想要的快捷键,即可将原有的快捷键覆盖,替换成更改后的快捷键。

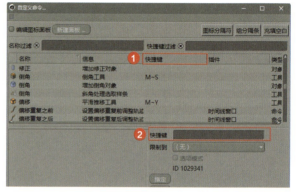

图1-13

1.5 Cinema 4D在电商海报中的应用

Cinema 4D拥有强大的建模和材质表现能力,使用Cinema 4D设计出的作品视觉冲击力强。其操作简单、材质丰富,使电商设计师能够在紧迫的设计时间内,制作出优质的电商视觉表现效果图。使用Cinema 4D制作的电商海报效果,如图1-14所示。

图1-14

1.6 Cinema 4D在电商海报创作中的风格

Cinema 4D在电商视觉设计中的表现及创作风格多种多样,本书将Cinema 4D在电商海报创作中的视觉表现风格分为9种,即车间流水线风格、低多边形风格、游乐场风格、机械科幻风格、迷幻霓虹灯风格、节日气球风格、卡通角色风格、创意折纸风格、创意科幻风格和Realflow流体风格,下面进行逐一讲解。

1.6.1 车间流水线风格

车间流水线风格是将真实车间流水线加工产品的过程,进行创意设计而形成的趣味性十足的视觉表现形式。通常,在制作车间流水线风格海报时,建模的数量较多,因而在将多个模型组合时一定要符合逻辑,以使视觉表现效果既美观又合理。在选择颜色和调整材质参数时,要进行多次调整直至达到最为理想的效果。在进行布光时,除了在整个场景中添加主灯光、辅助灯光及反光板外,还要给整个场景添加环境贴图,以使最终渲染效果达到最佳。

车间流水线风格的海报效果如图1-15所示。

图1-15

1.6.2 低多边形风格

低多边形风格是将零碎不一的多边形拼接成复杂几何体,是一种视觉上充满复古手工感与未来感的抽象效果视觉表现形式。在制作低多边形风格海报时,一定要增加模型的分段数,以便在后期进行噪波和减面操作时达到最佳视觉效果。

低多边形风格的海报效果如图1-16所示。

图1-16

1.6.3 游乐场风格

游乐场风格是提炼真实游乐场中的建筑及娱乐器材,进行创意设计形成的设计风格。在创作游乐场风格海报时,一定要合理搭配各个模型,确保空间关系正确。在材质和灯光方面,要多加尝试,从而达到较佳的视觉效果。游乐场风格常用于电商节日促销或周年庆典等的海报设计中。

游乐场风格的海报效果如图1-17所示。

图1-17

1.6.4 机械科幻风格

机械科幻风格延续了早期工业时代蒸汽朋克的视觉表现效果,也称蒸汽朋克风格。这种风格的特征是将机械零部件进行组合和穿插,从而能够让观察者体验到机械的逻辑性和复杂性。机械科幻风格场景适用众多电子产品或科幻主题的视觉海报。

机械科幻风格的海报效果如图1-18所示。

图1-18

1.6.5 迷幻霓虹灯风格

迷幻霓虹灯风格是将真实的霓虹灯管进行艺术再加工的设计风格,用不同形状及颜色的发光管,营造一种夜间狂欢派对的氛围。在进行创作时,前期最重要的是对霓虹灯的文字模型进行创作,以达到霓虹灯灯管的表现效果。在创建模型时最好不要出现太过尖锐的转角,尖锐的转角与真实霓虹灯的表现不符。迷幻霓虹灯风格场景多用于表现夜间狂欢与派对的氛围,如啤酒及相关的饮品的海报等都可以用这种风格去表现。

迷幻霓虹灯风格的海报效果如图1-19所示。

图1-19

1.6.6 节日气球风格

节日气球风格是将现实生活中的气球进行艺术再加工而形成的设计风格。在创作节日气球风格的场景时,一定要注意气球与气球之间的组合和穿插关系,要使整个气球组合饱满、充实。在商业运用时,促销活动或节日的海报多用气球文字进行点缀,以烘托热闹的氛围,从而激发消费者的购买欲。

节日气球风格的海报效果如图1-20所示。

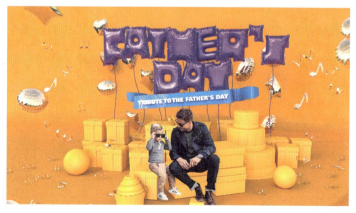

图1-20

1.6.7 卡通角色风格

卡通角色风格是将真实的动物或事物进行卡通化的视觉表现效果。创作卡通角色有两种手法，一种是自由发挥自己的想象力不受任何约束；另一种是通过卡通角色正视图、侧视图和顶视图，结合几何模型和点线面工具创作。

卡通角色风格的海报效果如图1-21所示。

图1-21

1.6.8 创意折纸风格

创意折纸风格是将纸张折叠与裁剪形成的长方形、圆形、三角形及其他形状组合成场景，给人感觉活泼、可爱和清新。在创作模型时，最好将模型的厚度挤压得薄一些，如果过厚，从视觉上就会影响折纸的轻盈感，从而影响整体的视觉表现效果。

创意折纸风格的海报效果如图1-22所示。

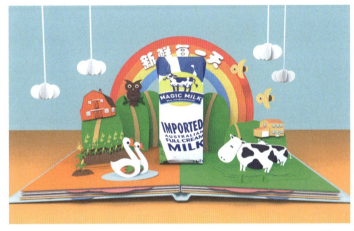

图1-22

1.6.9 创意科幻风格

创意科幻风格多数是以独特新颖，偏于用发散性的思维模式创作出的视觉表现效果。在进行创意科幻风格海报创作时，通过建模、添加材质和设置灯光可以快速地实现预期的视觉效果。

创意科幻风格的海报效果如图1-23所示。

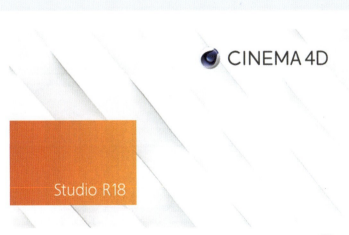

图1-23

1.6.10 RealFlow流体风格

RealFlow流体风格的作品多数是以产品结合液态物体效果的形式进行表现的。RealFlow流体插件除了能表现动态和自然波动的水面（如水池、湖泊、海洋等）之外，还能制作海水拍岸溅起浪花的效果。RealFlow流体风格的海报效果如图1-24所示。

图1-24

第 2 章

Cinema 4D 的基本技巧

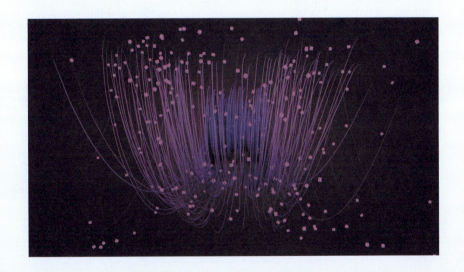

2.1 建模

本节讲解Cinema 4D的基础建模方法。

2.1.1 建模的常用工具

Cinema 4D的工具栏中包含常用的建模工具,分为5个工具组,如图2-1所示。

图2-1

- **几何工具组**

几何工具组共有18种工具,分别为"空白""立方体""圆锥""圆柱""圆盘""平面""多边形""球体""圆环""胶囊""油桶""管道""角锥""宝石""人偶""地形""地貌"和"引导线"等。在制作基础模型时可以直接从中选择相关的几何体进行组合。长按"立方体" 按钮,即可展开几何工具组,如图2-2所示。

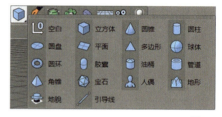

图2-2

- **样条线工具组**

在Cinema 4D中,样条线是绘制的点相连而成的曲线。两个点就可以生成一条样条线,通过点可以控制样条线的平滑程度、曲折方向和位置等,类似于Photoshop中的钢笔工具。样条线结合其他的命令可以快速生成三维模型。

样条线工具组共有19种工具,分别为"画笔""圆弧""星形""齿轮""草绘""圆环""文本""摆线""平滑样条""螺旋""矢量化""公式""样条弧线工具""多边""四边""花瓣""矩形""蔓叶类曲线"和"轮廓"等。长按"画笔" 按钮,即可展开样条线工具组,如图2-3所示。

图2-3

- **曲线建模工具组**

曲线建模工具组中的工具用于控制物体的光滑程度和细分曲度,通过优化物体表面的点、线、面创建三维模型。曲线建模工具组共有6种工具,分别为"细分曲面""挤压""旋转""放样""扫描"和"贝赛尔"等。长按"细分曲面" 按钮,即可展开曲线建模工具组,如图2-4所示。

图2-4

造型工具组

造型工具组中的工具用于对几何体和样条线进行编辑,以达到建模的理想状态。造型工具组共有9种工具,分别为"阵列""晶格""布尔""样条布尔""连接""实例""融球""对称"和"Python生成器"等。长按"阵列" 按钮,即可展开造型工具组,如图2-5所示。

图2-5

变形器工具组

变形器工具组中是通过与几何体配合而对几何体进行变形的工具,用于快速产生变形效果。变形器工具组共有30种工具,分别为"扭曲""膨胀""斜切""锥化""螺旋""FFD""网格""挤压&伸展""融解""爆炸""爆炸FX""破碎""修正""颤动""变形""收缩包裹""球化""表面""包裹""样条""导轨""样条约束""摄像机""碰撞""置换""公式""风力""减面""平滑"和"倒角"等。长按"扭曲" 按钮,即可展开变形器工具组,如图2-6所示。

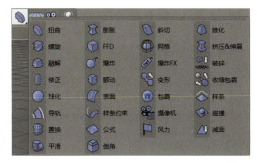

图2-6

2.1.2 基础几何:有轨电车

◎ 视频名称　基础几何:有轨电车
◎ 实例位置　实例文件 >CH02> 基础几何:有轨电车
◎ 学习目标　掌握几何工具组中各工具的使用方法

本小节将为读者详细讲解有轨电车模型的制作方法,案例最终效果如图2-7所示。

图2-7

案例概述

本案例使用几何工具组中的工具制作有轨电车模型,在制作过程中一定要注意模型的尺寸大小、位置方向和几何体之间的组合关系。在材质方面要根据模型的属性分别赋予不同的材质。场景的布光要合理,除了环境天空之外,一般还要在场景中添加常规灯光和反光板,以增强模型的质感,增加场景的细节。

创建模型

在制作模型之前对模型进行分析及拆分,以便在后续制作过程中有一个明确的思路和流程。本案例将场景中的模型大致分为5个部分,分别是车体、轨道、场地与花草、电线与电线杆,以及树木。拆解完成后逐一对其进行建模。

首先创建车体的模型。通过有轨电车的正视图、侧视图、背视图、顶视图和底视图全面了解车体的结构，如图2-8所示。

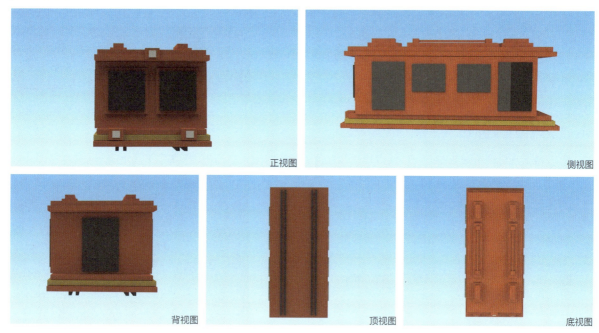

图2-8

01 在几何工具组中选择"立方体"工具，创建一个立方体作为车体，如图2-9所示。

02 选中创建好的立方体，按住Ctrl键沿y轴向上移动，复制出两个立方体，接着调整参数，如图2-10所示。

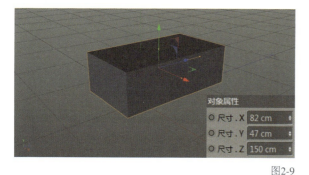

图2-9　　　　　　　　　　　　　　　　　　　　图2-10

03 再次选中立方体，按住Ctrl键沿y轴向下移动，复制出3个立方体，接着调整参数，如图2-11所示。

04 新建一个立方体，移动复制出多个作为车体窗户，放置在图2-12所示的位置。

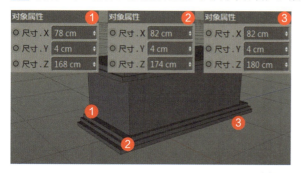
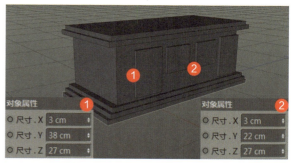

图2-11　　　　　　　　　　　　　　　　　　　　图2-12

05 按住Ctrl键将制作好的窗户模型组合沿x轴方向复制一组,并调整位置,如图2-13所示。

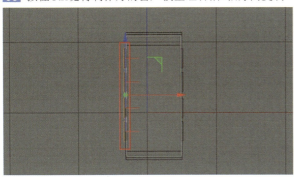
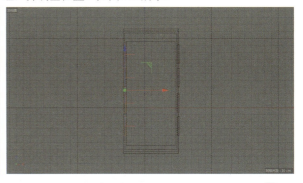

图2-13

06 新建一个立方体,按住Ctrl键移动复制4个,作为车体顶部零部件,接着调整参数和位置,如图2-14所示。

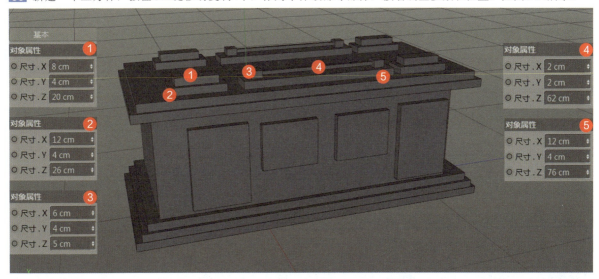

图2-14

07 新建一个立方体,按住Ctrl键移动轴向进行复制,共计3个立方体,调整3个立方体的大小,分别放置在车体正前方的顶部和底部的车灯位置,并在此基础上继续进行复制与优化,如图2-15所示。

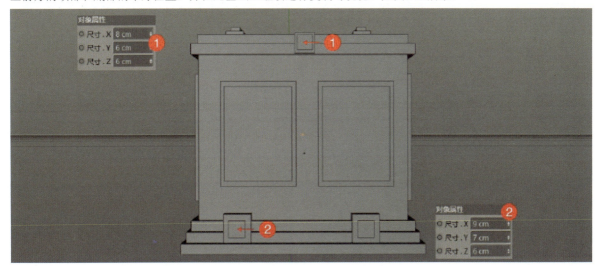

图2-15

08 新建一个立方体，按住Ctrl键移动复制，并调整其参数与位置，如图2-16所示。

09 新建一个立方体作为有轨电车尾部的窗户，参数和位置如图2-17所示。车体整体效果如图2-18所示。

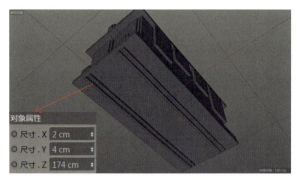

图2-16

图2-17

图2-18

其次，进行轨道的建模。

10 参照图2-19所示的轨道效果图创建模型。新建一个立方体并移动复制一个，如图2-20所示。

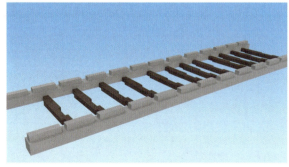

图2-19

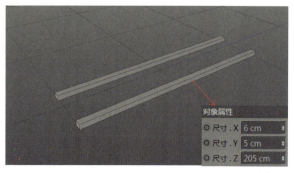

图2-20

11 在上一步创建的立方体基础上再新建一个立方体,如图2-21所示。
12 选择上一步创建的立方体,移动复制多个,放置在图2-22所示的位置。

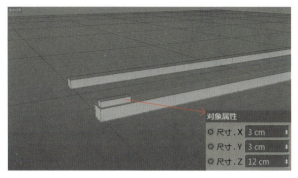
图2-21

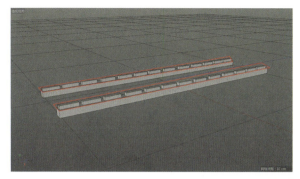
图2-22

13 新建立方体,移动复制组合为枕木,如图2-23所示。
14 选择上一步创建的枕木组合,移动复制多个,并放置在图2-24所示的位置。

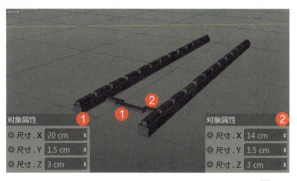
图2-23　　　　　　　　　　　　　　图2-24

再次,进行场地与花草的建模。

15 参照图2-25所示的场地与花草效果图创建模型。创建一个立方体,然后复制并进行移动组合,如图2-26所示。
16 新建一个立方体作为花草模型,如图2-27所示。

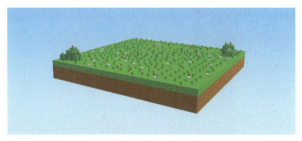

图2-25

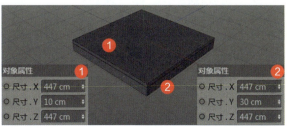
图2-26　　　　　　　　　　　　　　图2-27

17 选择上一步创建的立方体,移动复制并随机排列,如图2-28所示。

18 新建一个立方体作为花草的主立方体,如图2-29所示。

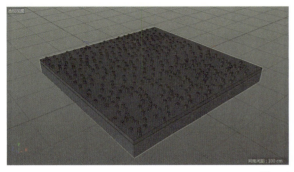
图2-28

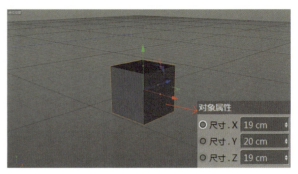
图2-29

19 分别在花草主立方体前后左右4个面,创建新的立方体并进行组合,如图2-30所示。

20 按快捷键Alt+G将创建好的花草组合编组后进行复制,将复制出的花草组合缩小,复制多个后摆放在大花草组合的周围,如图2-31所示。

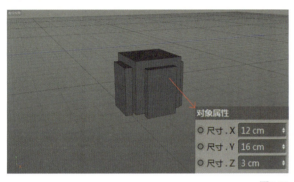
图2-30

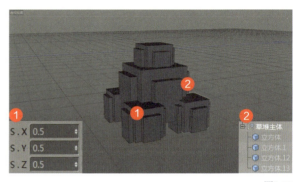
图2-31

21 新建立方体,在上一步花草组合的基础上进行局部添加,如图2-32所示。

22 将创建好的场地与花草进行最终组合,效果如图2-33所示。

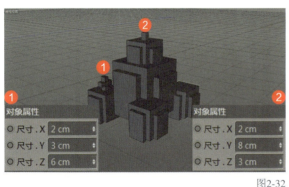
图2-32

图2-33

然后,进行电线与电线杆的建模。

23 参照图2-34所示的电线和电线杆效果图创建模型。新建一个立方体,如图2-35所示。

24 复制组合上一步创建的立方体,如图2-36所示。

图2-34

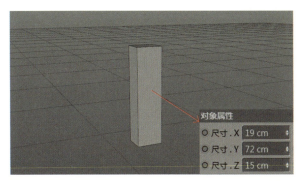 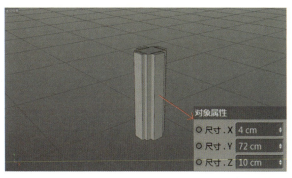

图2-35　　　　　　　　　　　　　　　　　　　　图2-36

25 选中创建好的立方体进行复制组合，如图2-37所示。

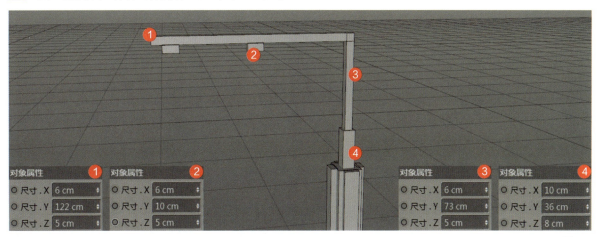

图2-37

26 新建一个立方体，设置参数及位置，如图2-38所示。

27 将上一步创建的立方体进行复制组合，如图2-39所示。

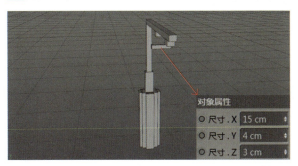 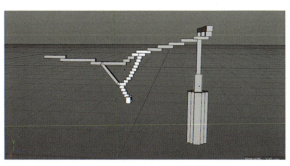

图2-38　　　　　　　　　　　　　　　　　　　　图2-39

28 将摆放好的电线立方体全部选中，按快捷键Alt+G对其进行编组，命名为"电线-1"，接着选中"电线-1"组进行复制并放在相应的位置，如图2-40所示。

29 新建立方体进行复制和组合，如图2-41所示。

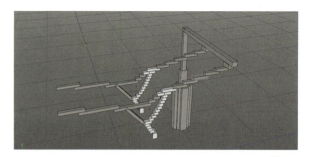

图2-40

图2-41

30 将完成后的电线和电线杆进行组合，如图2-42所示。

最后，进行树木的建模。

31 参照图2-43所示的树木效果图创建模型。新建一个立方体，如图2-44所示。

32 复制上一步创建的立方体，并与创建好的立方体进行组合，如图2-45所示。

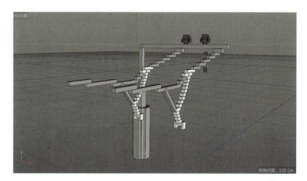

图2-42

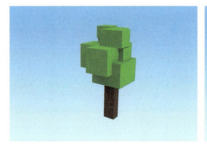 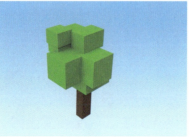 

图2-43

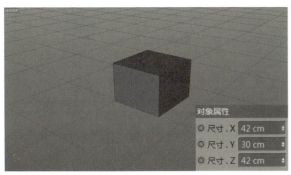
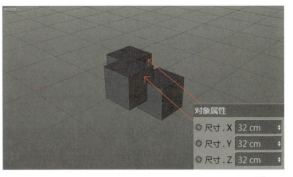

图2-44　　　　　　　　　　　　　　　　　　　图2-45

33 复制立方体进行更多的组合，如图2-46所示。

34 创建一个立方体并与上面的立方体组合进行进一步组合，参数与位置如图2-47所示。

至此，通过几何工具组中的"立方体"工具将模型逐一创建完成，最终的模型效果如图2-48所示。

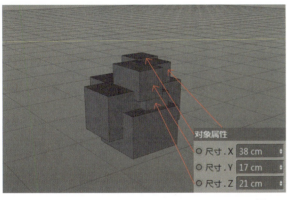
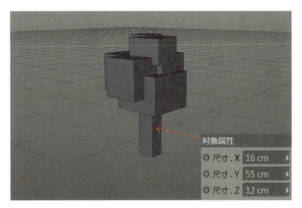

图2-46　　　　　　　　　　　　　　　　　　　图2-47

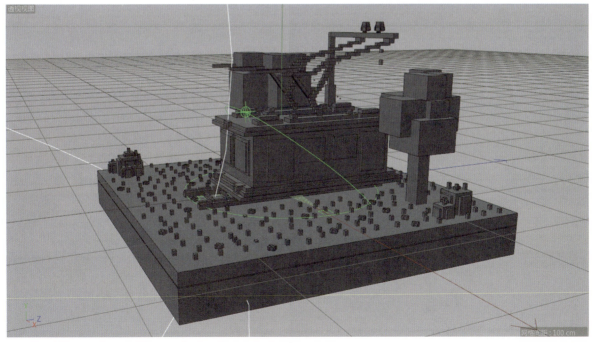

图2-48

■ 设置材质

01 在材质面板中执行"创建>新材质"菜单命令，如图2-49所示，创建一个新的材质。

02 双击创建的材质图标打开"材质编辑器"窗口，勾选"颜色"选项，右侧会出现颜色的相关属性，单击"颜色"右侧色块打开"颜色拾取器"窗口，在RGB颜色模式下设置颜色为（R:247,G:99,B:49），如图2-50所示。

图2-49

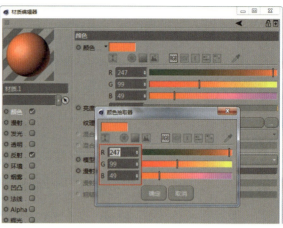

图2-50

03 勾选"反射"选项，在"反射"面板中单击"添加"按钮，选择GGX选项，为其添加GGX反射，展开"层颜色"卷展栏，设置"亮度"为30%，展开"层菲涅耳"卷展栏，设置"菲涅耳"为"绝缘体"，"预置"为"聚酯"，如图2-51和图2-52所示。

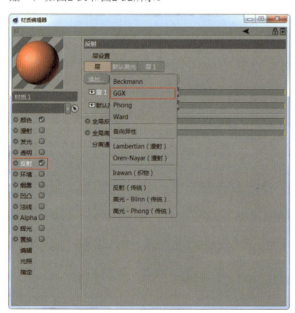

图2-51

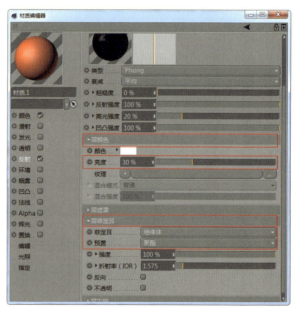

图2-52

04 修改材质名称为"车体材质"，如图2-53所示。

05 确保车体对象处于选中的状态，然后在材质上单击鼠标右键，在弹出的菜单中选择"应用"命令，将材质赋予车体，如图2-54所示。

06 用同样方法创建土壤、花草、车轨、枕木、车玻璃、电线、电线杆、树木和树干等的材质，保持它们的"反射"选项为勾选状态通道不变，然后分别设置土壤颜色为（R:238,G:153,B:50）、花草颜色为（R:128,G:233,B:48）、车轨颜色为（R:208,G:208,B:208）、枕木颜色为（R:133,G:91,B:51）、车玻璃颜色为（R:74,G:74,B:74）、电线颜色为（R:242,G:242,B:242）、电线杆颜色为（R:179,G:179,B:179）、树木颜色为（R:73,G:221,B:44）、树干颜色为（R:131,G:91,B:51），并将材质赋予有轨电车的各个模型，如图2-55所示。

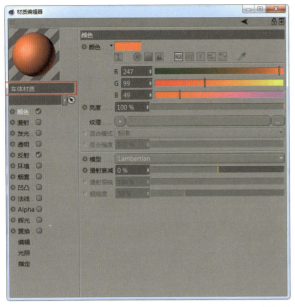

图2-54

图2-53

图2-55

■ 设置环境

环境是渲染作品时的必备条件。渲染时在场景中可以不创建灯光，但不能不创建环境。

环境分两种类型，一种是"物理天空"，另一种是普通的"天空"。"物理天空"是模拟一种自然物理现象，有太阳、大气和云朵，并且可以通过调整"物理天空"的相关参数让其发生白天、黑夜和冷暖等环境变化；普通的"天空"需要配合HDRI进行使用。Cinema 4D中内置了27张HDRI，包含多种场景，使用起来非常方便。

长按工具栏中的"地面"按钮，在展开的扩展面板中可以创建"物理天空"和普通的"天空"环境，如图2-56所示。

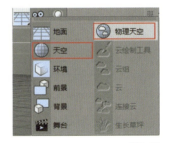

图2-56

HDRI是Hight Dynamic Range Image（高动态范围图像）的简称，拥有比普通RGB格式图像（仅8bit的亮度范围）更大的亮度范围。标准的RGB图像最大亮度值是255，用这样的图像结合光传递出的照明场景，即使是最亮的白色也不能够提供足够的照明以模拟真实世界中的情况，渲染结果看上去会平淡且缺乏对比，这是因为这种图像文件将现实中的大范围的照明信息仅用一个8bit的RGB图像进行描述。使用HDRI的话，相当于将太阳光的亮度值（如6000%）加到光能传递计算及反射的渲染中，得到的渲染结果是非常真实和漂亮的。

本案例使用普通的"天空"结合HDRI来模拟环境。

01 长按"地面"按钮在展开的扩展面板中选择"天空"工具，此时场景中的天空是灰色的状态，如图2-57所示。在渲染有轨电车场景时，天空不能是灰色的状态，需要使用一张真实的环境贴图来模拟天空，一般情况下使用HDRI来进行模拟。

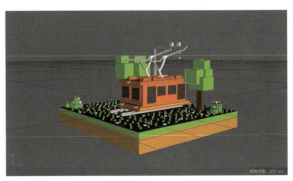

图2-57

02 执行"窗口>内容浏览器"菜单命令（快捷键为Shift+F8），打开"内容浏览器"窗口，然后加载预置材质"Presets / Light Setups / HDRI / Photo Studio"，拖曳到材质面板中即可，如图2-58所示。

03 拖曳Photo Studio材质到天空对象，单击工具栏中的"编辑渲染设置"按钮（快捷键为Ctrl+B），打开"渲染设置"窗口，接着在"渲染设置"窗口中单击"效果"按钮，选择"全局光照"选项，如图2-59所示。按快捷键Ctrl+R进行渲染，此时有轨电车场景反射了天空环境贴图，如图2-60所示。

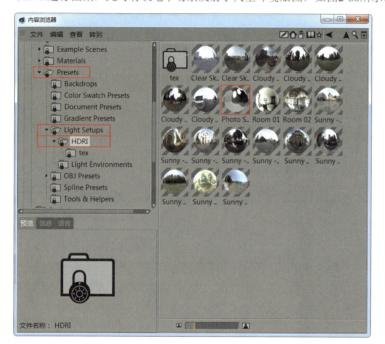

图2-59

图2-58

图2-60

04 我们并不希望周围的天空环境都被渲染出来。在对象面板中选中天空对象，然后单击鼠标右键，在弹出的菜单中选择"CINEMA 4D标签>合成"命令，如图2-61所示，为其添加"合成"标签。

05 选择该标签后，在"合成"标签的属性面板中，选择"标签"选项卡，取消勾选"摄像机可见"选项，如图2-62所示。

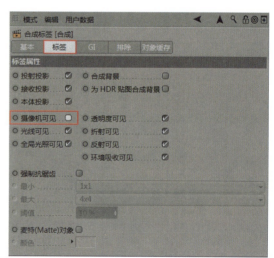

图2-61

图2-62

06 再次对有轨电车场景进行渲染,此时天空环境就不会被渲染出来了,如图2-63所示。这时会发现渲染出来的效果并不是特别理想,背景漆黑一片,整体场景细节部分也需要优化。长按"地面"按钮，在展开的扩展面板中选择"背景"工具,如图2-64所示,这时在场景当中就添加了一个背景。

图2-63

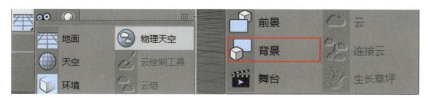

图2-64

07 双击材质面板空白区域创建一个背景材质。打开"材质编辑器"窗口,选择"颜色"选项,单击"纹理"旁边的小三角选择"渐变"选项,如图2-65所示。单击进入"着色器属性"面板,将"类型"设置为"二维-V",将左边的渐变色块的RGB数值设置为(R:207,B:240,G:246),将右边的渐变色块的RGB数值设置为(R:104,B:200,G:241),如图2-66所示,制作渐变效果。

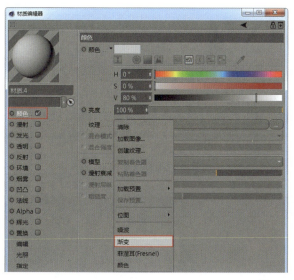

图2-65

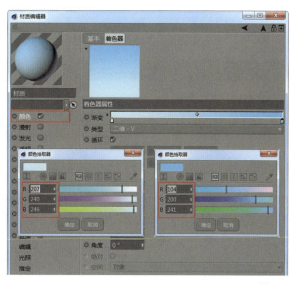

图2-66

08 材质设置完毕后，按快捷键Ctrl+R对有轨电车场景进行渲染，如图2-67所示。

图2-67

■ 设置灯光

01 前面渲染的效果图整体细节不够且颜色偏暗，需要添加灯光。长按工具栏中的"灯光"按钮，在展开的扩展面板中选择"区域光"工具，如图2-68所示。

02 选中创建的区域灯光，在"常规"选项卡中设置"投影"为"区域"，在"细节"选项卡中设置"衰减"为"平方倒数（物理精度）"，如图2-69所示，将灯光的位置摆放在有轨电车模型的正前上方，如图2-70所示。

图2-68

03 按快捷键Ctrl+R渲染并观察效果，如图2-71所示。此时有轨电车场景整体的光影和体积感更强了。

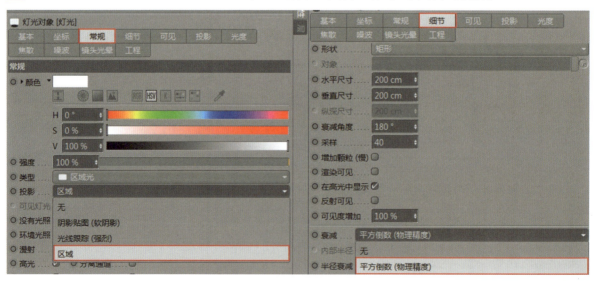

图2-69

第2章 Cinema 4D的基本技巧

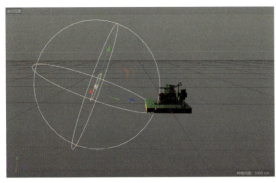
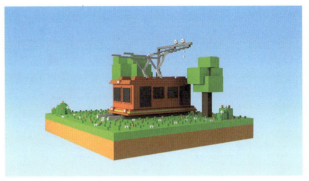

图2-70　　　　　　　　　　　　　　　　　　　　图2-71

■ 渲染输出

01 长按工具栏中的"摄像机"按钮，然后在展开的扩展面板中选择"摄像机"选项，如图2-72所示，在场景中单击创建摄像机。

02 单击"摄像机"对象右侧图标激活摄像机视图，移动摄像机找到渲染的最佳视角，然后单击鼠标右键，在弹出的菜单中选择"CINEMA 4D标签"选项，添加"保护"标签，如图2-73所示，固定摄像机视角，防止在编辑模型时因不小心触碰而移动了摄像机角度。

03 单击工具栏中的"编辑渲染设置"按钮（快捷键为Ctrl+B），如图2-74所示，打开"渲染设置"窗口。

图2-72　　　　　　　　　　　　图2-73　　　　　　　　　　　　图2-74

04 选择保存路径和格式，单击"文件"路径后的"浏览"按钮，设置渲染后的输出路径，接着设置"格式"为"TIFF(PSD图层)"，如图2-75所示。

05 选择"输出"选项卡，单击按钮，此时右侧出现扩展面板，选择"屏幕>1280×720"选项，如图2-76所示。

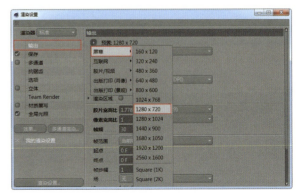

图2-75　　　　　　　　　　　　　　　　　　　　图2-76

043

06 切换到"抗锯齿"选项卡,设置"抗锯齿"为"最佳","最小级别"为2×2,"最大级别"为4×4,如图2-77所示。

07 单击工具栏中的"渲染到图片查看器"按钮 ,渲染场景,如图2-78所示。至此本案例制作完成。

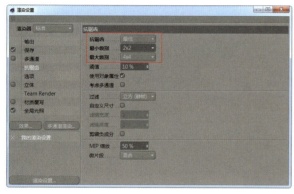
图2-77

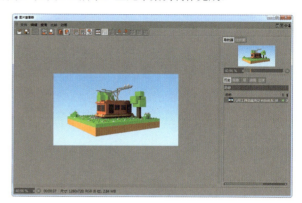
图2-78

■ 总结

本案例是运用基础几何工具组中工具的案例,介绍了很多基础知识,希望读者能够认真阅读。在后面的案例中,如果有重复的基础知识就不再赘述了。

读者也可以多创建几台摄像机,变换不同的角度,从而得到更多场景效果图,如图2-79所示。渲染完成后可以导入Photoshop进行后期调整,如调整曲线、色阶、色相和饱和度等。

图2-79

2.1.3 样条线建模：可乐玻璃瓶

◎ 视频名称　样条线建模：可乐玻璃瓶
◎ 实例位置　实例文件 >CH02> 样条线建模：可乐玻璃瓶
◎ 学习目标　掌握样条线和曲线建模工具组的使用方法

本小节将为读者详细讲解可乐玻璃瓶的制作方法，案例最终效果如图2-80所示。

图2-80

■ **案例概述**

本案例使用样条线和曲线建模工具组中的工具创建可乐玻璃瓶，以帮助读者快速认识和运用样条线和曲线建模工具。在绘制可乐玻璃瓶外轮廓时，一定要对可乐玻璃瓶外形有明确的认识。在材质方面要细心调整玻璃、水和其他物体的材质。布光要合理，除了环境天空之外，一般还要在场景中添加常规灯光和反光板。

■ **创建模型**

首先对场景中的模型进行分析及拆分，以便在后续制作过程中有明确的思路和流程。本案例大致将场景中的模型分为4个部分，分别是可乐瓶身、可乐瓶内部液体、可乐瓶盖和舞台。拆解完成后逐一对其进行建模。

通过可乐玻璃瓶的整体图和两张细节图，了解可乐玻璃瓶的结构，如图2-81所示。

图2-81

首先，进行可乐瓶身的建模。

01 在属性面板中选择"工程>视图设置"选项，然后在"背景"选项卡的"图像"通道中加载可乐瓶子的图片，如图2-82所示。

02 选择样条线工具组中的"画笔"工具，对可乐瓶子的外轮廓进行勾勒，如图2-83所示。

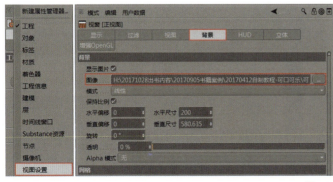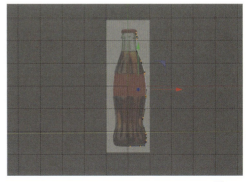

图2-82　　　　　　　　　　图2-83

03 选择曲线建模工具组中的"旋转"工具,将勾勒好的样条线放在"旋转"工具的子级位置,即可得到可乐瓶的外轮廓,如图2-84所示。

04 选择"模拟>布料>布料曲面"菜单命令,将"旋转"放在"布料曲面"的子级位置,如图2-85所示。

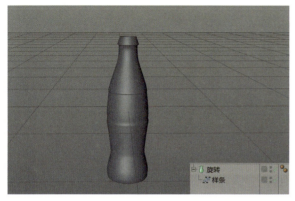

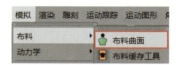

图2-84　　　　　　　　　　　　　　　　　　　图2-85

05 选中"布料曲面"对象,在"对象属性"面板中将"厚度"设置为6cm,如图2-86所示。

06 选中"布料曲面"对象后单击"转为可编辑对象"按钮（快捷键为C）,将可乐瓶外轮廓变成可编辑的对象,如图2-87所示。

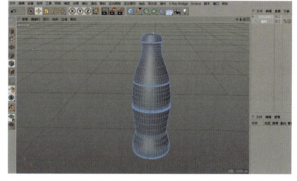

图2-86　　　　　　　　　　　　　　　　　　　图2-87

07 可乐瓶身的上半部分和下半部分有凹陷的效果,使用"多边形选择"工具选中可乐瓶身用于制作上下凹陷效果的多边形,如图2-88所示。

08 保持选中的多边形不变,单击鼠标右键,在弹出的菜单中选择"挤压"选项,在打开的面板中设置"偏移"为－3cm,如图2-89所示。

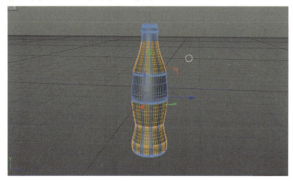

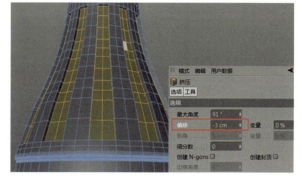

图2-88　　　　　　　　　　　　　　　　　　　图2-89

09 选择曲线建模工具组中的"细分曲面"工具，将挤压后的模型放置在"细分曲面"对象的下方，如图2-90所示。至此可乐瓶身的建模完成。

其次，进行可乐内部液体的建模。

10 参照图2-91所示的可乐内部液体效果图进行模型的创建。将创建好的可乐瓶身复制一份并删除"细分曲面"，然后选择"多边形选择"工具，选中瓶身内部图2-92所示的多边形。

图2-90

图2-91

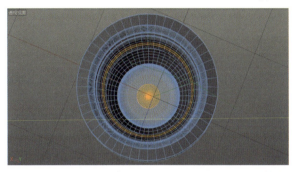

图2-92

11 保持选中的多边形不变，执行"选择>填充选择"菜单命令，填充选择瓶身内所有的多边形，如图2-93所示。

12 在选中的多边形上单击鼠标右键，在弹出的菜单中选择"分裂"选项，如图2-94所示，即可从瓶身中分裂出液体部分。

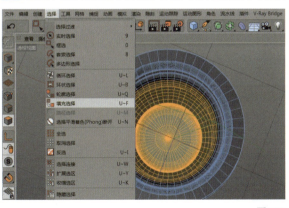

图2-93

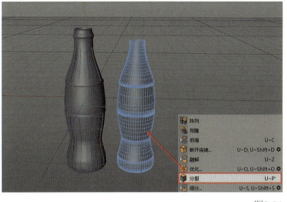

图2-94

13 单击鼠标右键，在弹出的菜单中选择"封闭多边形孔洞"选项，如图2-95所示，对液体模型的顶部进行封顶。

14 对液体模型使用"细分曲面"命令，至此内部液体建模完成，如图2-96所示。

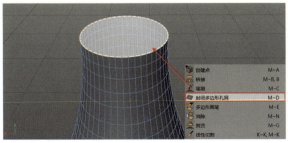

图2-95

图2-96

再次，进行可乐盖的建模。

16 参照图2-97所示的可乐瓶盖效果图进行模型的创建。使用"圆盘"工具创建一个圆盘模型，并将其转换成可编辑对象，然后选中最外围的边，按住Ctrl键沿y轴向下移动，如图2-98所示。

图2-97

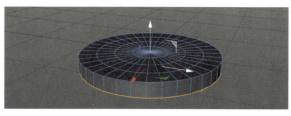

图2-98

16 选中挤压后的圆盘的外轮廓，沿y轴向下继续挤压两次，如图2-99所示。

17 选中下面的面，单击鼠标右键，在弹出的菜单中选择"挤压"命令，设置"偏移"为 - 8cm，如图2-100所示。

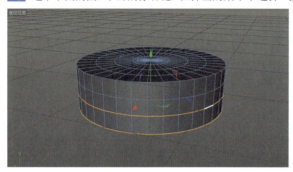

图2-99

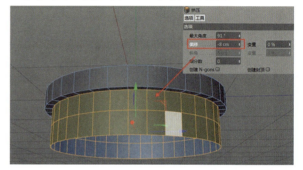

图2-100

18 选中瓶盖底部的面对其进行挤压，然后设置"偏移"为 - 5cm，如图2-101所示。

19 将选中的面沿y轴向下移动，并删除多余的面，如图2-102所示。

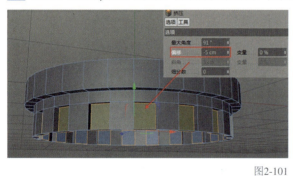

图2-101

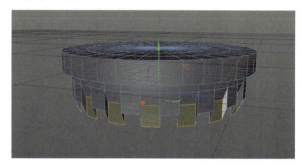

图2-102

20 选中圆盘最底部的边，对齐到同一个平面上，如图2-103所示。

21 对挤压好的圆盘使用"细分曲面"命令，至此可乐瓶盖建模完成，如图2-104所示。

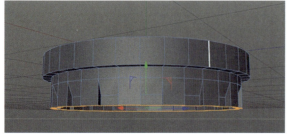

图2-103

图2-104

最后，进行舞台的建模。

22 参照图2-105所示的效果图进行模型的创建。创建一个立方体，如图2-106所示。

图2-105

图2-106

23 执行"运动图形>克隆"菜单命令复制立方体，并调整相关参数，如图2-107所示。

24 执行"运动图形>效果器>随机"菜单命令，然后将"随机"添加到"克隆"效果器中，如图2-108所示。

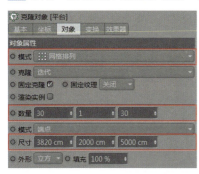

图2-107

图2-108

25 调整"随机分布"的参数，如图2-109所示。至此，舞台模型创建完成。

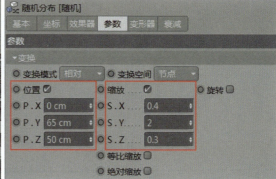

图2-109

■ 设置材质

01 创建可乐瓶的玻璃材质。新建一个材质，打开"材质编辑器"窗口，勾选"透明"选项，设置"折射率预设"为"玻璃"、"折射率"为1.517，勾选"反射"选项添加GGX反射，在"层菲涅耳"中设置"菲涅耳"为"绝缘体"、"预置"为"玻璃"，在"默认高光"选项卡中设置相关参数，如图2-110~图2-112所示。

图2-110

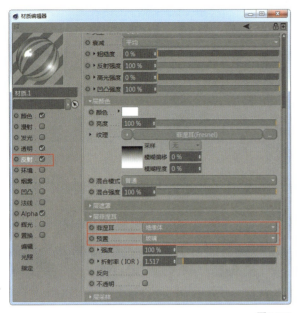
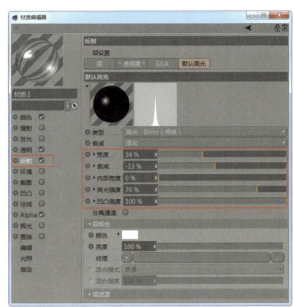

图2-111　　　　　　　　　　　　　　　　　　图2-112

02　创建瓶盖材质。新建一个材质，打开"材质编辑器"窗口，勾选"颜色"选项设置颜色，勾选"反射"选项添加GGX反射，并调整相关参数，如图2-113和图2-114所示。

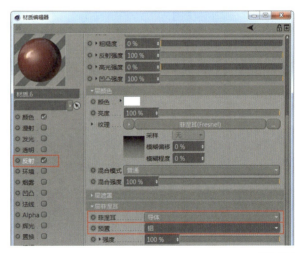

图2-113　　　　　　　　　　　　　　　　　　图2-114

03　创建液体的材质。新建一个材质，打开"材质编辑器"窗口，勾选"颜色"选项设置颜色，勾选"透明"选项，设置"亮度"为47%，"折射率预设"为"水"，"折射率"为1.333，勾选"反射"选项添加GGX反射，并调整相关参数，如图2-115～图2-118所示。

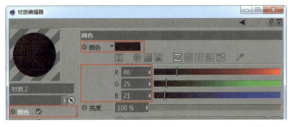

图2-115　　　　　　　　　　　　　　　　　　图2-116

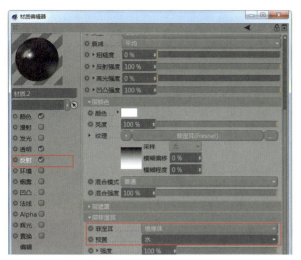
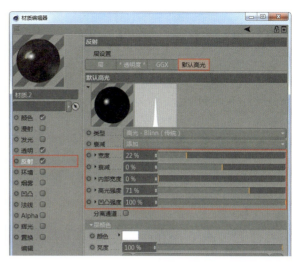

图2-117　　　　　　　　　　　　　　　　图2-118

04 创建舞台材质。新建一个材质，打开"材质编辑器"窗口，勾选"颜色"选项设置颜色，勾选"反射"选项添加GGX反射，并调整相关参数，如图2-119和图2-120所示。

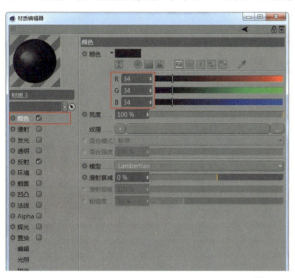
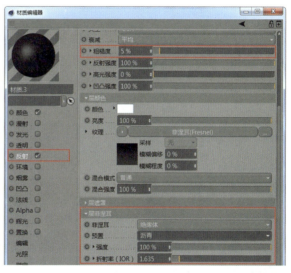

图2-119　　　　　　　　　　　　　　　　图2-120

05 材质制作完成之后，给可乐瓶身赋予贴图。用"多边形选择"工具选中瓶身，将其设置为多边形选集，如图2-121所示。

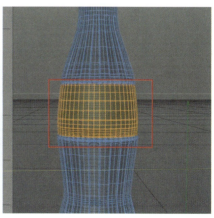

图2-121

06 创建一个新的材质,打开"材质编辑器"窗口,勾选"颜色"选项,在"纹理"属性中添加"瓶身贴图"文件,勾选"反射"选项添加GGX反射,并调整相关参数,如图2-122和图2-123所示。

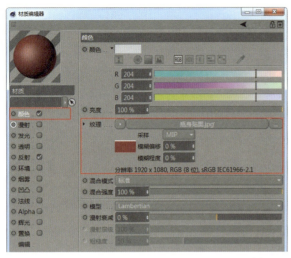
图2-122

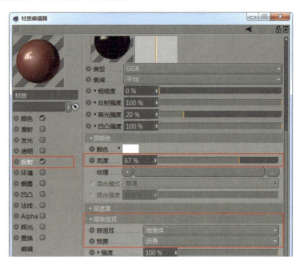
图2-123

07 创建一个新的材质,打开"材质编辑器"窗口,勾选"颜色"选项设置相关参数,在"纹理"属性中添加"瓶身贴图-文字"贴图,勾选"反射"选项添加GGX反射,并调整相关参数,勾选Alpha选项在"纹理"属性中添加"瓶身贴图-文字"贴图,如图2-124~图2-126所示。至此,可乐瓶及相关模型的材质和贴图制作完成,效果如图2-127所示。

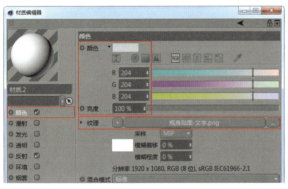
图2-124

图2-125

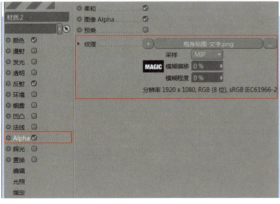
图2-126

图2-127

第2章 Cinema 4D的基本技巧

■ 环境设置

`01` 新建一个材质并创建天空对象，执行"窗口>内容浏览器"菜单命令打开"内容浏览器"窗口，加载预置材质"GSG_HDRI_Studio_Pack/Studios/ThreeSoftboxesStudio2.hdr"，将其拖曳到材质的"发光"通道中，如图2-128和图2-129所示。

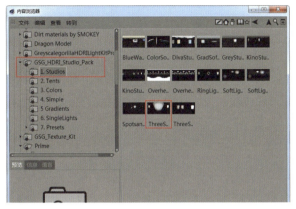

图2-128　　　　　　　　　　　　　　　　　　　　　　图2-129

`02` 拖曳天空材质到天空对象，按快捷键Ctrl+B打开"渲染设置"窗口，接着单击"效果"按钮，选择"全局光照"选项，再按快捷键Ctrl+R进行渲染，此时可乐瓶反射了天空环境贴图，如图2-130所示。

`03` 这时渲染出来的效果不太理想，场景过暗，细节部分也需要优化。创建一盏"区域光"灯光放置在可乐瓶的前方，并打开"投影"和"衰减"，位置如图2-131所示。灯光参数如图2-132和图2-133所示。

图2-130　　　　　　　　　　　　　　　　　　　　　　图2-131

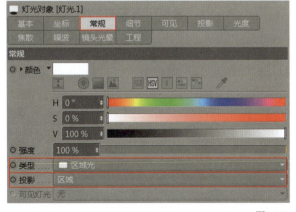
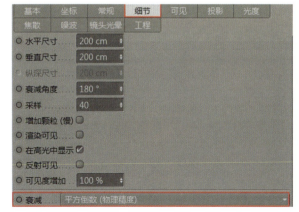

图2-132　　　　　　　　　　　　　　　　　　　　　　图2-133

04 选择几何工具组中的"平面"工具创建平面,作为反光板放置在场景中,如图2-134所示。

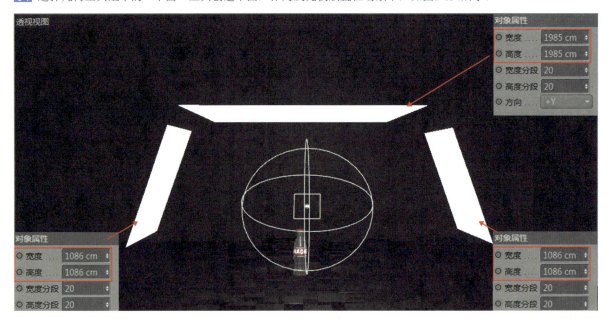

图2-134

05 选择几何工具组中的"平面"工具创建平面,作为场景的背景板,如图2-135所示。参数设置如图2-136和图2-137所示。

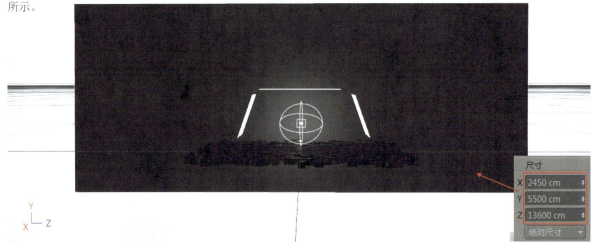

图2-135

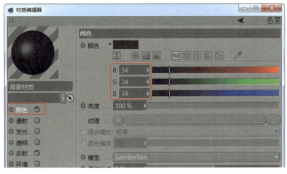

图2-136   图2-137

06 渲染并观察效果，如图2-138所示。可乐瓶的光影感及体积感更强了。

图2-138

■ 渲染输出

01 长按"摄像机"按钮，在弹出的扩展面板中选择"摄像机"选项，如图2-139所示，单击创建摄像机。

02 单击"摄像机"对象右侧图标，激活摄像机视图，移动摄像机，找到一个渲染的最佳视角，然后单击鼠标右键，在弹出的菜单中选择"CINEMA 4D标签"选项，添加"保护"标签固定摄像机视角，如图2-140和图2-141所示。

图2-139

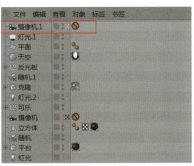

图2-140

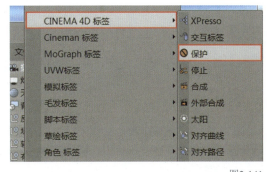

图2-141

03 单击"编辑渲染设置"按钮，打开"渲染设置"窗口，然后在"渲染设置"窗口中勾选"保存"选项，接着单击"文件"通道右侧的"浏览"按钮，设置输出路径，再在"格式"中选择"TIFF(PSD图层)"选项，如图2-142所示。

图2-142

04 选择"输出"选项,单击 按钮,在扩展面板中选择"屏幕>1280×720"选项,如图2-143所示。

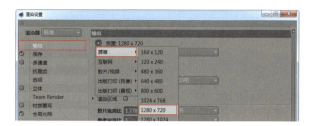

图2-143

05 切换到"抗锯齿"选项,设置"抗锯齿"为"最佳","最小级别"为2×2,"最大级别"为4×4,如图2-144所示。

06 单击"渲染到图片查看器"按钮 进行渲染,如图2-145所示。至此本案例制作完成。

图2-144

图2-145

■ 总结

本案例是使用样条线与曲线建模工具组中的工具进行建模的案例,介绍了很多基础知识,希望读者能够认真阅读,在后面的案例中如果有重复的基础知识就不再赘述了。

读者也可以多创建几台摄像机,变换角度,从而得到更多效果图,如图2-146所示。渲染完成后可以导入Photoshop进行后期调整,如调整曲线、色阶、色相和饱和度等。

图2-146

2.1.4 造型工具建模：骰子图标

◎ 视频名称 造型工具建模：骰子图标
◎ 实例位置 实例文件 >CH02> 造型工具建模：骰子图标
◎ 学习目标 掌握造型工具组中工具的使用方法

本小节将为读者详细讲解骰子图标的制作方法，案例最终效果如图2-147所示。

图2-147

■ 案例概述

通过使用造型工具组中的工具制作骰子图标，以帮助读者快速认识和运用造型工具组中的工具。在使用造型工具组中的工具进行布尔运算时一定要弄清楚布尔运算的物体之间的关系，否则无法得到想要的造型效果。在材质方面要区分骰子表面材质与点数材质。布光要合理，除了环境天空之外，一般还要在场景中添加常规灯光和反光板来增加细节和质感。

■ 创建模型

在制作之前首先要对场景中的模型进行分析及拆分，以便在后续制作过程中有明确的思路。本案例大致将场景中的模型分为3个部分，分别是骰子、圆筒和舞台。拆解完成后逐一对其进行建模。

01 通过骰子的细节图，了解骰子的结构，如图2-148所示。创建一个立方体，如图2-149所示。
02 在场景中创建一个球体，修改球体的参数，并将其与立方体进行组合，如图2-150所示。

图2-148

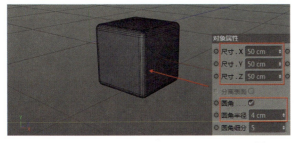 

图2-149　　　　　　　　　　　　　　　　　　　　　图2-150

03 长按"阵列"按钮展开造型工具组,选择"布尔"工具将球体和立方体放在"布尔"对象的子级位置,如图2-151所示。

04 通过同样的方法对骰子其他几个面上的点数进行布尔运算,如图2-152所示。

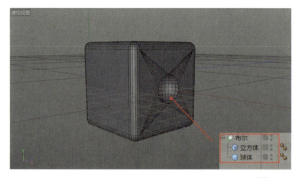
图2-151

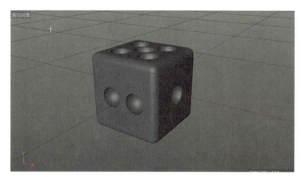
图2-152

05 使用几何工具组中的"管道"工具创建圆筒模型,如图2-153所示。

06 创建一个平面放置在圆筒和骰子后面,如图2-154所示。至此建模完成,如图2-155所示。

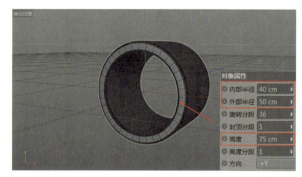
图2-153

图2-154

图2-155

■ 设置材质

01 骰子的材质分为两种,一种是整体表面材质,另一种是每个表面点数的材质。新建一个材质作为骰子整体表面的材质,打开"材质编辑器"窗口,勾选"颜色"选项,设置颜色为(R:197,G:197,B:197),勾选"反射"选项,切换到GGX选项卡,设置"层菲涅耳"的相关参数,如图2-156和图2-157所示。

02 用"多边形选择"工具选中骰子表面的点数,然后将选中的部分设置为多边形选集,如图2-158所示。

03 这样在对象面板中"骰子"对象后面就多了一个橙色三角形标签,如图2-159所示,这就是多边形标签。

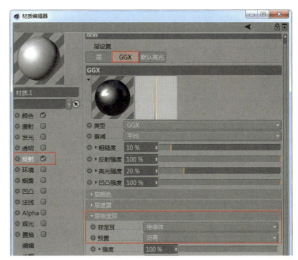

图2-156　　　　　　　　　　　　　　　　　　　图2-157

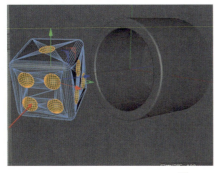

图2-158　　　　　　　　　图2-159

04 创建一个新的材质作为骰子点数的材质，打开"材质编辑器"窗口，勾选"颜色"选项，调整相关参数，勾选"反射"选项，切换到GGX选项卡，设置"层菲涅耳"的相关参数，如图2-160和图2-161所示。

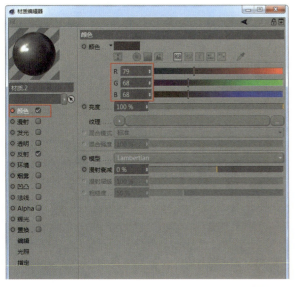
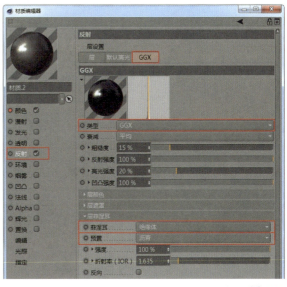

图2-160　　　　　　　　　　　　　　　　　　　图2-161

05 创建圆筒材质。执行"窗口>内容浏览器"菜单命令,打开"内容浏览器"窗口,加载预置材质"Texture Pack Infinite -Wood / Wood 13"(此材质在学习资源中,读者可以安装到自己的计算机中进行使用),直接拖曳给圆筒模型即可,如图2-162所示。

06 创建一个新的材质作为舞台的材质,打开"材质编辑器"窗口,勾选"颜色"选项,调整相关参数,勾选"反射"选项,切换到GGX选项卡,设置"层菲涅耳"的相关参数,设置如图2-163和图2-164所示。至此骰子及相关模型的材质制作完成,效果如图2-165所示。

图2-162

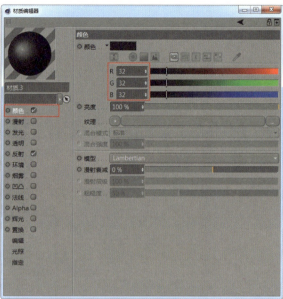

图2-163

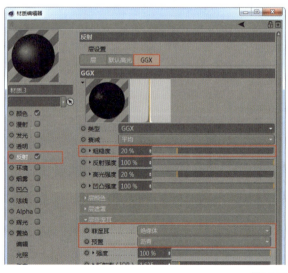

图2-164

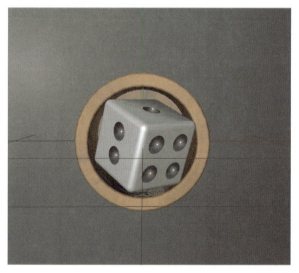

图2-165

■ 环境设置

01 新建材质并创建天空对象,执行"窗口>内容浏览器"菜单命令,打开"内容浏览器"窗口,然后加载预置材质"Prime/Light Setups/HDRI/Cloudy Park 02",直接拖曳给天空对象,如图2-166所示。

02 单击"编辑渲染设置"按钮打开"渲染设置"窗口,在"渲染设置"窗口中单击"效果"按钮,选择"全局光照"选项,接着按快捷键Ctrl+R对骰子场景进行渲染,如图2-167所示。这时渲染出来的整体场景过暗,细节部分也需要优化。虽然整体场景有环境贴图的亮度,但是圆筒内部过暗没有任何细节,还需要添加灯光及反光板。

图2-166　　　　　　　　　　　　　　　　　　　　　　　　图2-167

03 创建一盏灯光放置在骰子的前方,如图2-168所示。在"常规"选项卡中设置"类型"为"区域光","投影"为"区域",在"细节"选项卡中设置"衰减"为"平方倒数(物理精度)",如图2-169和图2-170所示。

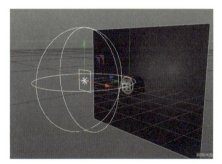
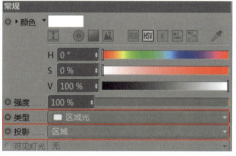

图2-168　　　　　　　　　　　图2-169　　　　　　　　　　　图2-170

04 创建一盏灯光放在圆筒内部,补充圆筒内部的灯光,位置及参数如图2-171所示。

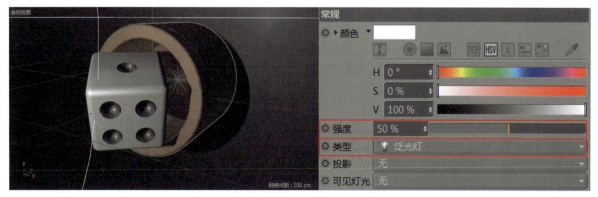

图2-171

05 选择几何工具组中的"平面"工具,创建多个平面,作为反光板放置在场景中,位置及参数如图2-172所示。

06 渲染并观察效果,如图2-173所示,骰子的光影感和体积感更强了。

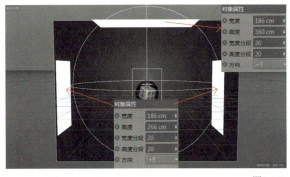
图2-172

图2-173

■ 渲染输出

01 在场景中创建摄像机,单击"摄像机"对象右侧 图标激活摄像机视图,在此基础上移动摄像机到渲染的最佳视角,接着单击鼠标右键,在弹出的菜单中选择"CINEMA 4D标签"选项并添加"保护"标签,如图2-174和图2-175所示,固定摄像机视角。

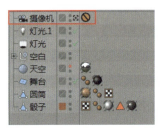

图2-174   图2-175

02 在"渲染设置"窗口中设置保存路径和格式。勾选"保存"选项,单击"文件"通道右侧的"浏览"按钮 设置渲染后的输出路径,接着在"格式"中选择"TIFF(PSD图层)"选项,如图2-176所示。

03 选择"输出"选项,单击 按钮,在扩展面板中选择"屏幕>1280×720"选项,如图2-177所示。

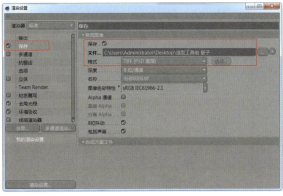
图2-176

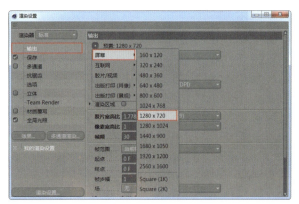
图2-177

04 切换到"抗锯齿"选项,设置"抗锯齿"为"最佳","最小级别"为2×2,"最大级别"为4×4,如图2-178所示。

05 单击"渲染到图片查看器"按钮 渲染场景,如图2-179所示。至此本案例制作完成。

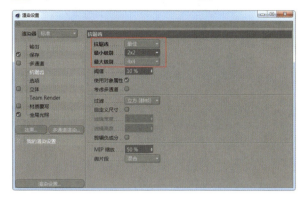

图2-178

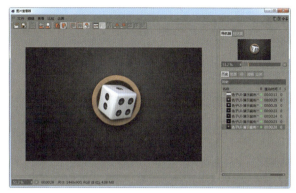

图2-179

■ 总结

本案例是使用造型工具组中工具的案例,介绍了很多基础知识,希望读者能够认真阅读,在后面的案例中如果有重复的基础知识就不再赘述了。

读者也可以多创建几台摄像机,变换角度,从而得到更多效果图,如图2-180所示。渲染完成后可以导入Photoshop进行后期调色,如调整曲线、色阶及色相饱和度等。

图2-180

2.1.5 变形器工具建模：液态凤梨

◎ 视频名称 变形器工具建模：液态凤梨
◎ 实例位置 实例文件 >CH02> 变形器工具建模：液态凤梨
◎ 学习目标 掌握变形器工具组中工具的使用方法

本小节将为读者详细讲解液态凤梨的制作方法，案例最终效果如图2-181所示。

图2-181

■ 案例概述

本案例使用变形器工具组中的工具创作液态凤梨，可帮助读者快速认识和运用变形器工具组中的工具。在使用变形器工具组中的工具时，一定要知道图形和变形器工具之间的组合关系，否则无法得到想要的变形效果。在材质方面要把握液态凤梨的材质属性。布光要合理，除了环境天空之外，一般还会在场景中添加常规灯光和反光板。

■ 创建模型

在制作之前先要对场景中的模型进行分析及拆分，以便在后续制作过程中有明确的思路和流程。本案例大致将场景中的模型分为两大部分，分别是凤梨和叶子。拆解完成后逐一对其进行建模。

01 液态凤梨建模。通过液态凤梨的整体图及细节图全面了解模型的结构，如图2-182所示。创建一个样条线并对其进行挤压，参数和效果如图2-183所示。

02 选中挤压后的多边形，单击"转为可编辑对象"按钮，将其转为可编辑对象，如图2-184所示。

图2-182

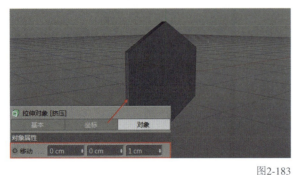

图2-183

图2-184

03 选中多边形,单击鼠标右键,在弹出的菜单中选择"线性切割"选项,对多边形进行切割,如图2-185所示。
04 选中所有的多边形,单击鼠标右键,在弹出的菜单中选择"内部挤压"选项,并沿z轴正方向进行拖曳,如图2-186所示。

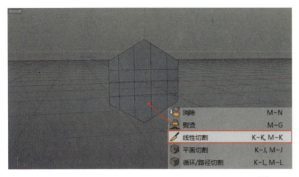
图2-185

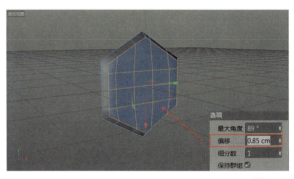
图2-186

05 选中部分多边形,对其进行挤压,如图2-187所示。
06 将挤压出来的面进行编辑,至此液态凤梨表皮单个纹理制作完成,如图2-188所示。

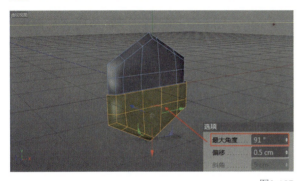
图2-187

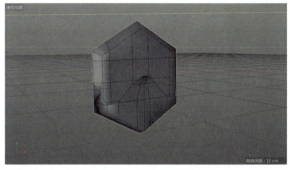
图2-188

07 复制前面制作的多边形进行组合,如图2-189所示。
08 将组合好的模型按快捷键Alt+G进行编组,然后对其进行复制,如图2-190所示。

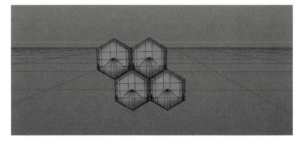
图2-189

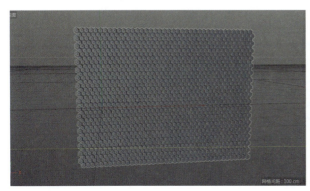

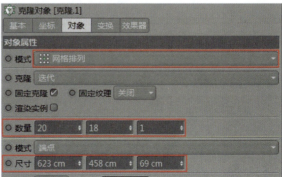
图2-190

09 选择"画笔"工具绘制一个凤梨外轮廓，如图2-191所示。

10 为凤梨外轮廓"样条"对象添加"旋转"工具，如图2-192所示。

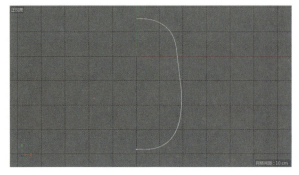

图2-191

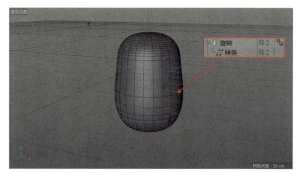

图2-192

11 为"克隆1"对象添加"连接"工具，将"克隆1"的多边形作为一个整体，创建表面变形器，接着将二者放在一个层级里，如图2-193所示。

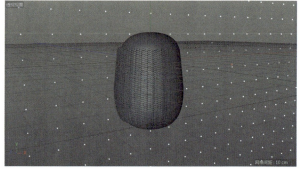

图2-193

12 选中"表面"变形器对象，将凤梨轮廓模型放在"表面"变形器的"表面"属性中，在"表面变形器 [表面]"面板中将"类型"设置为"映射 (U,V)"，如图2-194所示，将制作好的凤梨表面和轮廓模型进行结合。

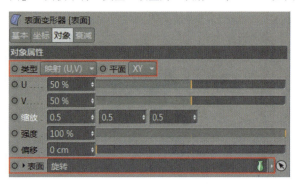

图2-194

13 调整"表面变形器 [表面]"面板中的"缩放"参数，如图2-195所示。

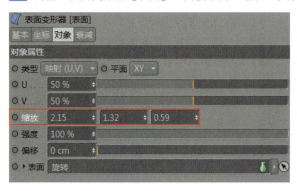

图2-195

14 通过观察可以发现凤梨表面的纹理没有对齐，打开"克隆对象 [克隆.1]"面板，切换到"坐标"选项卡，设置R.B为34°，如图2-196所示。

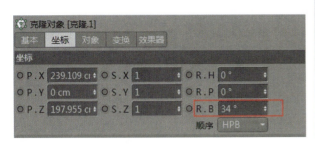 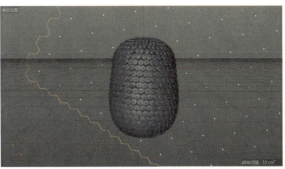

图2-196

15 选中"凤梨纹理"对象,单击鼠标右键,在弹出的菜单中选择"当前状态转对象"选项,即可将整体的凤梨变成一个可编辑对象,如图2-197所示。

图2-197

16 选中模型上面的面,单击鼠标右键,在弹出的菜单中选择"分裂"选项,如图2-198所示。

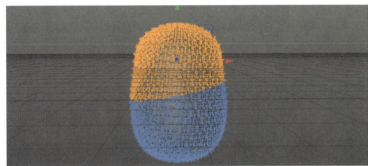 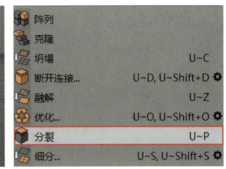

图2-198

17 使用"圆环"工具,绘制一个圆形,选择"放样"工具,接着调整参数,如图2-199所示。

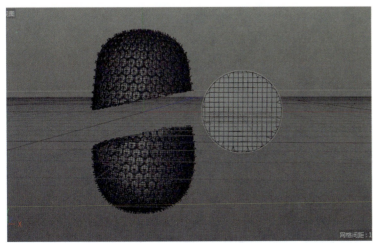

图2-199

⑱ 将放样后的圆盘转换为可编辑对象，然后用"实时选择"工具选中一部分面进行挤压，如图2-200所示。
⑲ 删除顶部的面，使用"对称"工具进行处理，如图2-201所示。

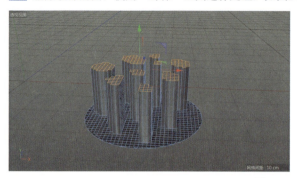

图2-200

图2-201

⑳ 为对称后的圆盘模型添加"平滑"变形器，并进行编组，如图2-202所示。

㉑ 新建一个立方体并转为可编辑对象，然后为圆盘添加"网格"变形器，并在"网格"变形器中添加刚才新建的立方体作为网笼，调整圆盘的大小及其位置，如图2-203所示。修改后的模型效果如图2-204所示。

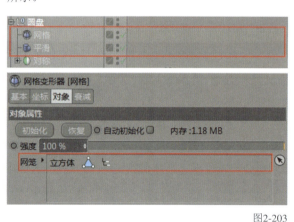

图2-203

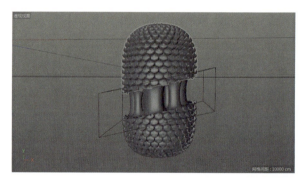

图2-202

图2-204

㉒ 进行叶子的建模。通过观察凤梨叶子整体图和细节图了解凤梨叶子的结构，如图2-205所示。创建一个平面，并将其转为可编辑对象，如图2-206所示。

㉓ 将创建的平面进行调整，效果如图2-207所示。

图2-205

第2章 Cinema 4D的基本技巧

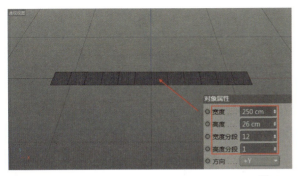

图2-206

图2-207

24 复制调整后的平面,如图2-208所示。

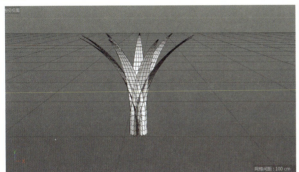

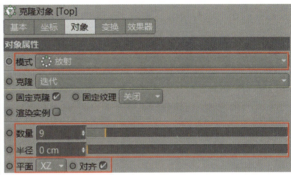

图2-208

25 继续复制叶子并缩小,放置在之前复制叶子的上方,如图2-209所示。

26 执行"窗口>内容浏览器"菜单命令,打开"内容浏览器"窗口,加载预置材质"GreyscalegorillaHDRI-LightKitPro1.5 / _Studios /StudioL"如图2-210所示,创建一个舞台场景。至此液态凤梨建模完成,如图2-211所示。

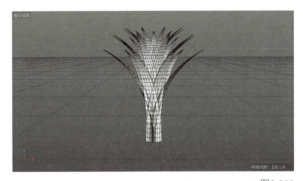

图2-209

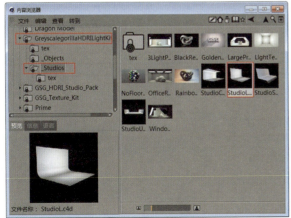

图2-210

图2-211

069

■ 设置材质

01 创建液态凤梨表面纹理材质。新建的一个材质,打开"材质编辑器"窗口,勾选"颜色"选项,设置"颜色"为(R:59,G:59,B:59),然后勾选"反射"选项,设置"类型"为GGX,"粗糙度"为20%,在"层颜色"中设置"亮度"为58%,在"层菲涅耳"中设置"菲涅耳"为"绝缘体","预置"为"沥青",如图2-212和图2-213所示。

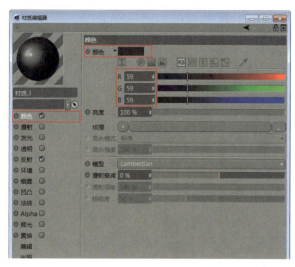

图2-212

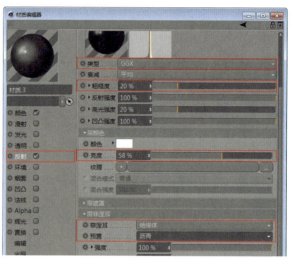

图2-213

02 创建叶子材质。新建一个材质,打开"材质编辑器"窗口,勾选"反射"选项,设置"类型"为GGX,"粗糙度"为15%,在"层菲涅耳"中设置"菲涅耳"为"导体","预置"为"金",如图2-214所示。

03 创建舞台材质。新建一个材质,打开"材质编辑器"窗口,勾选"颜色"选项,设置颜色为(R:59,G:59,B:59),如图2-215所示。

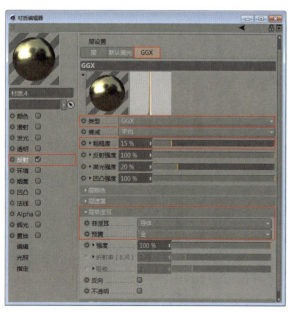

图2-214

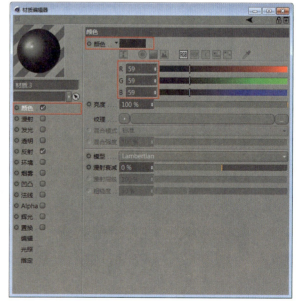

图2-215

04 将创建好的材质赋予凤梨模型，效果如图2-216所示。

图2-216

■ 环境设置

01 新建一个材质并创建天空对象，执行"窗口>内容浏览器"菜单命令，打开"内容浏览器"窗口，加载预置材质"Prime.lib4d/Presets/Light Setups/HDRI/HDR017.hdr"，如图2-217所示。

02 拖曳天空材质到天空对象，然后按快捷键Ctrl+B打开"渲染设置"窗口，在"渲染设置"窗口中单击"效果"按钮，选择"全局光照"选项，按快捷键Ctrl+R进行渲染，此时液态凤梨模型反射了天空环境，如图2-218所示。

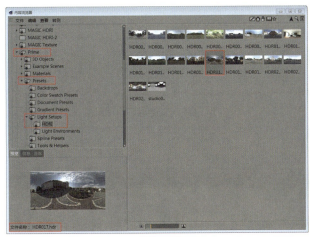

图2-217

图2-218

03 这时渲染出来的效果并不理想，场景过暗，细节部分也需要优化。使用"区域光"工具在液态凤梨的前方及左右两侧创建灯光，并设置"投影"和"衰减"，位置如图2-219所示。前方主光源参数如图2-220所示，两侧辅助灯光参数如图2-221所示。

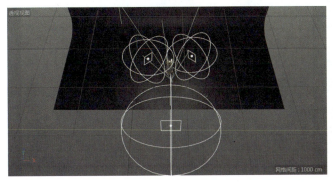

图2-219

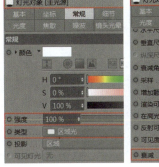

图2-220

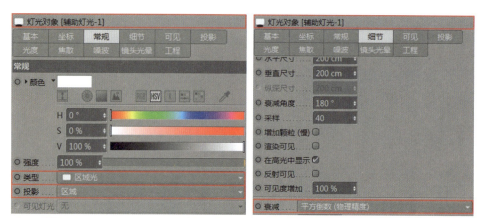

图2-221

04 选择几何工具组中的"平面"工具创建多个平面,作为反光板放置在场景中,如图2-222所示。

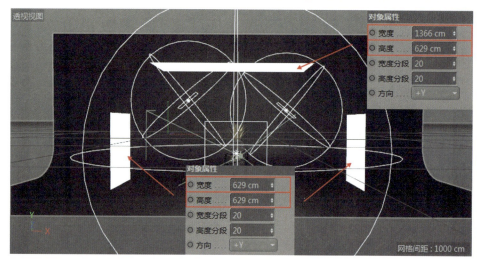

图2-222

05 进行渲染,观察渲染效果,液态凤梨光影感及体积感更强了,如图2-223所示。

图2-223

渲染输出

01 在场景中创建摄像机,单击"摄像机"对象右侧 图标激活摄像机视图,在此基础上移动摄像机到最佳视角,单击鼠标右键选择"CINEMA 4D标签"选项并添加"保护"标签固定摄像机视角,如图2-224和图2-225所示。

图2-224

图2-225

02 按快捷键Ctrl+B打开"渲染设置"窗口,勾选"保存"选项,单击"文件"通道右侧的"浏览"按钮 设置渲染后的输出路径,在"格式"下拉列表中选择"TIFF(PSD图层)"选项,如图2-226所示。

03 选择"输出"选项,单击 按钮,在扩展面板中选择"屏幕>1280×720"选项,如图2-227所示。

图2-226

图2-227

04 切换到"抗锯齿"选项,设置"抗锯齿"为"最佳","最小级别"为2×2,"最大级别"为4×4,如图2-228所示。

05 单击"渲染到图片查看器"按钮 渲染场景,如图2-229所示。至此本案例制作完成。

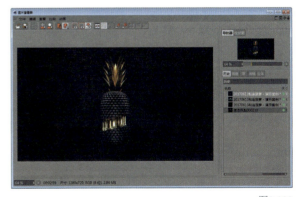

图2-228

图2-229

总结

本案例是用变形器工具组中的工具创建模型的案例,介绍了很多基础知识,希望读者能够认真阅读,在后面的案例中如果有重复的基础知识就不再赘述了。

读者也可以多创建几台摄像机,变换角度,从而得到更多效果图,如图2-230所示。渲染完成后可以导入Photoshop进行后期调色,如调整曲线、色阶、色相和饱和度等。

图2-230

2.2 材质制作

本节讲解Cinema 4D材质的相关知识，通过金属文字、陶瓷茶壶、玻璃高脚杯和玉龙这4个案例细致讲解金属材质、陶瓷材质、玻璃材质和玉石材质的制作方法，帮助读者初步掌握"材质编辑器"窗口的使用方法和应用技巧。

在Cinema 4D中创建完各式各样复杂的模型后，需要为创建好的模型赋予材质，以使作品达到最佳的视觉效果。生活中常见的材质，如金属、瓷器、玻璃和玉石等，如图2-231所示。

图2-231

2.2.1 材质编辑器详解

在材质面板中执行"创建>新材质"菜单命令（快捷键为Ctrl+N），即可创建新的材质。此外，通过双击材质面板的空白区域也可以创建新的材质，如图2-232所示。

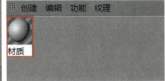

图2-232

Cinema 4D还提供了多种着色器，可以直接选择所需的材质进行运用，如图2-233所示。

双击创建的材质可以打开"材质编辑器"窗口。"材质编辑器"窗口主要分为两个部分，左侧为材质预览图和材质通道，右侧则为材质通道的属性。单击左侧的材质通道，右侧就会出现相应通道的材质属性，如图2-234所示。

图2-233

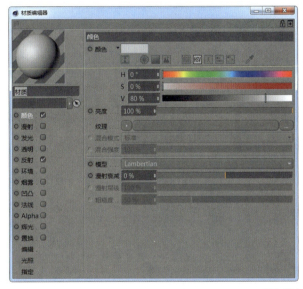

图2-234

■ 颜色

勾选"颜色"选项，其右侧为颜色通道的相关属性。

"颜色"属性用于设置材质的固有色，默认以HSV方式设置颜色，除此之外也可以通过色轮、光谱、图片、RGB、开尔文温度、颜色混合、色块和吸管等方式设置颜色，如图2-235所示。"亮度"的作用可以理解为调整颜色的明暗，拖动进度条可以调整颜色的明暗，直接在"亮度"数值框中输入百分比数值也可以调整颜色的明暗。单击"纹理"后的 按钮可以弹出加载纹理贴图的扩展面板，如图2-236所示。

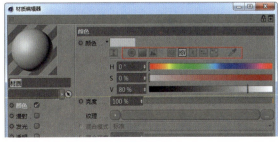

图2-235

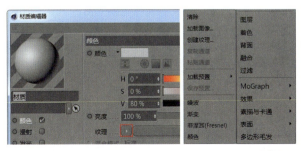

图2-236

重要参数讲解

清除：清理所有的纹理贴图及效果。

加载图像：加载图像赋予材质，对材质的表面产生影响。

创建纹理：单击可弹出"新建纹理"窗口，自定义纹理的颜色等。

复制通道/粘贴通道：用于将纹理通道的信息复制并粘贴到其他的通道。

加载预置/保存预置：将设置好的纹理保存在计算机中并加载运用。

噪波：是一种不规则的黑白噪点贴图。执行该命令后会在纹理下方出现噪波贴图的预览图，单击预览图进入噪波属性面板中，可以设置噪波的颜色、空间和周期等，如图2-237所示。

渐变：是一种颜色到另外一种颜色过渡的贴图。执行"渐变"命令后，单击预览图即可进入渐变属性面板，设置渐变的颜色及类型，如图2-238所示。

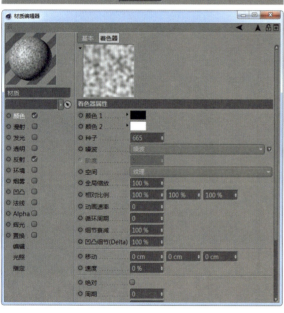

图2-237

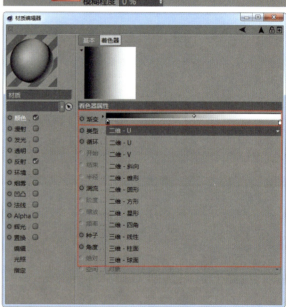

图2-238

菲涅耳（Fresnel）：菲涅耳用来渲染一种类似瓷砖表面釉质或木头表面清漆的效果。菲涅耳是指当光到达材质交界面时，一部分光被反射，一部分光发生折射。当视线垂直于表面时，反射较弱；当视线未垂直于表面时，夹角越小，反射效果越明显。所有物体都有菲涅耳反射，只是强度不同，这就是"菲涅耳效应"。单击预览图进入其属性面板，通过设置各参数可以控制菲涅耳的属性，模拟物体从中心到边缘的颜色、反射和透明等的效果，如图2-239所示。

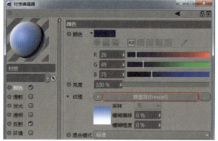

图2-239

颜色：控制材质表面的颜色，如图2-240所示。

图层：类似Photoshop的图层属性。进入图层属性面板，可以加载图像、添加着色器、设置效果和对图层进行编组等，如图2-241～图2-244所示。

图2-241

图2-242

图2-240

图2-243

图2-244

着色：类似Photoshop的颜色映射，将渐变色和图像进行图层混合而产生的效果。在"纹理"中可以添加各种纹理效果，渐变滑块可以控制纹理混合的颜色及整体效果，如图2-245所示。

背面：在面板中可以通过调整纹理、色阶和过滤宽度调整纹理效果，如图2-246所示。

融合：类似Photoshop的图层混合模式，通过更改图层模式产生混合效果。"混合"的数值大小决定着图片混合的强弱，数值越大混合效果越强烈，数值越小混合效果越弱。通过在"混合通道"和"基本通道"中加载图像或纹理，如图2-247所示，可以形成新的图像纹理效果。

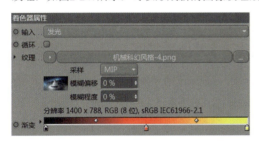

图2-245

图2-246

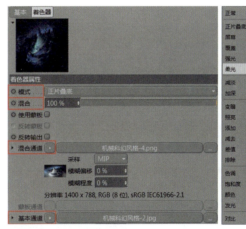

图2-247

过滤：类似将Photoshop中的色相、饱和度和曲线结合在一起的一种调色功能。通过在"纹理"中添加贴图可以调整属性栏中的色调、明度、饱和度和渐变曲线等，如图2-248所示。

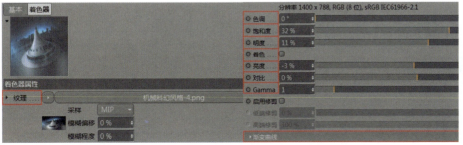

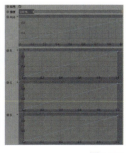

图2-248

MoGraph：分为多个MoGraph着色器，此类着色器只作用于MoGraph物体，如图2-249所示。

多重着色器：单击纹理按钮 可以选择各种纹理。单击"添加"按钮 可以添加多个纹理图层，并将设置好的多重着色纹理放置在物体上，物体表面将会产生多个纹理效果，如图2-250所示。

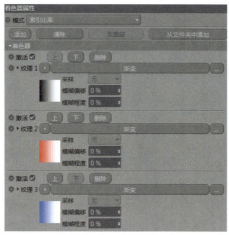
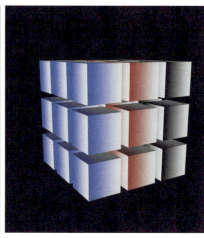

图2-249　　　　　　　　　　　　　　　　　　　　　　　　　　图2-250

摄像机着色器：在摄像机一栏中加载一台摄像机，这样映射在物体材质的纹理就是摄像机所显示的画面，通过改变"水平缩放"和"垂直缩放"的值来调整摄像机投射纹理的长宽比例，勾选或取消勾选"包含前景"与"包含背景"可以控制是否投射到摄像机中，如图2-251所示。

节拍着色器：通过设置每分钟拍数、峰值范围和范围曲线控制贴图在物体上的强弱变化，单击动画面板上的播放按钮，物体上的贴图就会产生明暗变化，如图2-252和图2-253所示。

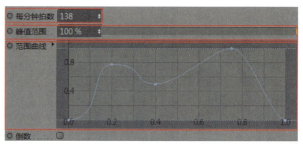

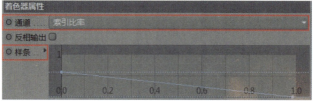

图2-251　　　　　　　　　　　　　　　　　　　　　　　　　　图2-253

颜色着色器：通道默认是颜色属性时，物体纹理颜色就默认为颜色。如果将颜色属性切换为"索引比率"，物体纹理颜色就会随着"样条"曲线的变化而发生改变，如图2-254所示。

图2-254

效果：提供了多种常用的效果，如扭曲、投射、样条和次表面散射等，每种效果都有各自的特性。例如，选择"扭曲"效果，在其属性面板中可以对纹理进行x、y和z轴向的扭曲，还可以添加扭曲的纹理贴图，如图2-255所示。

素描与卡通：制作卡通材质的贴图，包含划线、卡通、点状和艺术4种类型。

划线：加载一张图片，在属性面板中可以对图像UV的偏移、密度和间隔等进行调整，如图2-256所示。

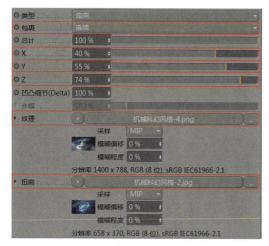

图2-255

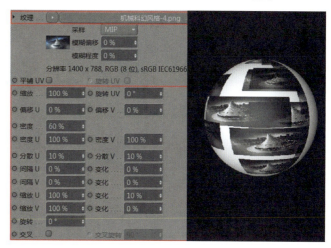

图2-256

卡通：通过拖动"漫射"的滑块调整材质的显示颜色，同时可以勾选摄像机和灯光等选项控制材质的显示，如图2-257所示。

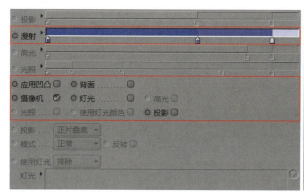

图2-257

点状：单击"形状"后面的选项框可以在下拉列表中选择物体的纹理形状，通过点状属性面板中的其他参数可以调整纹理的颜色、缩放和旋转，如图2-258所示。

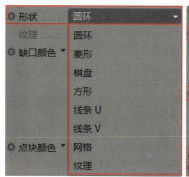
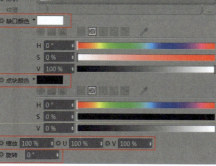
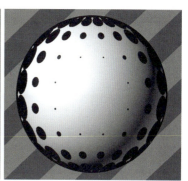

图2-258

艺术：通过设置"全局"的类型控制整体贴图纹理的缩放和旋转等，如图2-259所示。

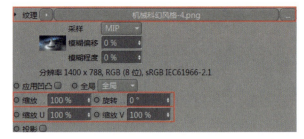

图2-259

表面：提供了多种物体纹理，如燃烧、火苗、砖块和平铺等。例如，选择"平铺"纹理，在其属性面板中可以改变平铺的颜色、图案和缩放等，如图2-260所示。

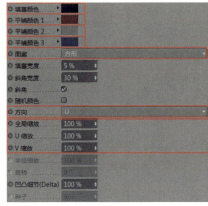 

图2-260

多边形毛发：模拟毛发纹理。在其属性面板中可对颜色、漫射、高光和强度等进行调整，如图2-261所示。

图2-261

■ 漫射

漫射是指光线被粗糙表面无规则地向各个方向发射的现象。漫射属性面板中的"亮度"用于控制漫射反射的强弱变化，数值越大漫射效果越强烈，数值越小漫射效果越弱；"纹理"是加载贴图的通道，通过添加纹理影响漫射的效果，如图2-262所示。

图2-262

■ 发光

发光在渲染时常用来作为反光板或环境贴图使用。发光本身不能产生真正的发光效果，不能充当光源，只有在选择了"全局光照"选项后，被赋予发光材质的物体才能真正产生发光效果。在发光的属性面板中，调整"颜色"可以改变发光的颜色，调整"亮度"可以改变整体的明暗，在"纹理"选项后加载贴图，可以用加载的贴图显示发光效果，如图2-263所示。

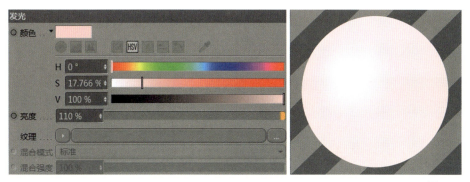

图2-263

■ 透明

在制作半透明材质时需要勾选这个选项，如制作玻璃、水、空气、钻石和酒精等材质。在"透明"的属性面板中，通过调整亮度、折射率和纹理等可以改变半透明材质的特性。单击"折射率预设"右侧的下拉按钮■，在展开的下拉列表中列出了很多常用的半透明材质的折射率，如图2-264所示。

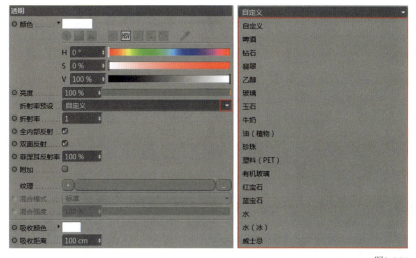

图2-264

■ 反射

反射的属性面板分为"层"和"默认高光"两大部分。在反射的"层"属性中，最多可以添加15个反射层来控制物体的反射效果。每一个反射层的后面都有一个控制条，用来调整当前反射层的透明度，并且可以与Photoshop中的图层一样，对反射层的顺序进行上下的移动、添加、复制和粘贴，如图2-265所示。

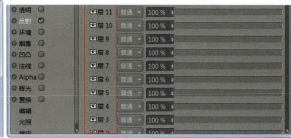

图2-265

"全局反射亮度"和"全局高光亮度"选项用于控制当前反射通道内的所有反射的亮度和高光亮度,如图2-266所示。

在"反射"通道中提供了多种反射类型,如图2-267所示。

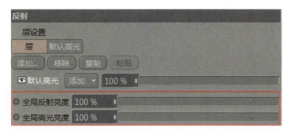

图2-266

图2-267

Beckmann、GGX、Phong、Ward的区别仅在于因反射角度不同而造成反射的快慢、强弱变化,而且变化是微弱的。

重要参数讲解

Beckmann:是一种默认的正确和快速的反射效果,用于大部分情况。

GGX:能够产生最佳的分散效果,适合模拟金属的表面材质。

Phong:适合表现高光和亮度递减的效果。

Ward:适合渲染柔软的表面,如橡胶或皮肤。

各向异性:能够使反射光线在一定的方向上发生弯曲,从而产生反射的扭曲效果,如用于表现拉丝或金属刮痕等效果。

Lambertian(漫射)和Oren-Nayar(漫射):模拟哑光效果,这两种类型要慎重使用,因为它们不能被GI进行计算缓存。

Irawan(织物):用于创建逼真的布料表面材质。

反射(传统)、高光-Blinn(传统)、高光-Phong(传统):主要用于兼容低版本文件的加载。

不同反射类型的视觉表现效果,如图2-268所示。

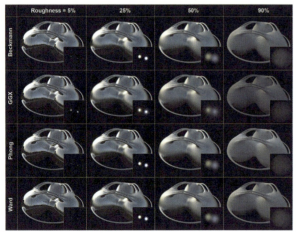
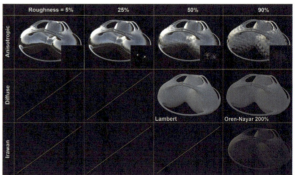

图2-268

这些反射类型的参数是一样的,本书以GGX反射类型为代表讲解反射的具体参数。

重要参数讲解

衰减：控制物体和反射混合之后的效果。在衰减的类型中提供了4种衰减混合的选项，分别是"平均""最大""添加"和"金属"，如图2-269所示。

粗糙度：控制物体表面的粗糙程度，数值越大粗糙效果越强烈，数值越小粗糙效果越弱，如图2-270所示。

图2-269　　　　　　　　　　　　　　　　　　　　　　　　　图2-270

反射强度：控制反射光线的强度，数值越大物体反射光线的强度越强越亮，数值越小反射光线的强度越弱越暗。单击"反射强度"左侧的▶按钮，可以展开隐藏在反射强度下的"纹理"和"着色"属性，如图2-271所示。

图2-271

纹理：通过纹理控制反射强度的变化。

着色：勾选后，颜色通道中的颜色会与反射强度产生混合效果。

高光强度：高光的强度与粗糙度是互相联系的，当粗糙度为0时，增大高光强度是不会产生任何效果的，如图2-272所示。

凹凸强度：控制物体边面高低起伏的凹凸反射效果。单击"凹凸强度"左侧的▶按钮，可以展开隐藏在凹凸强度下方的"纹理"和"模式"属性。其中，"纹理"可以控制物体在不同表面下产生的明暗强度的变化，"模式"包含"默认""自定义凹凸贴图"和"自定义法线贴图"3种类型，如图2-273所示。

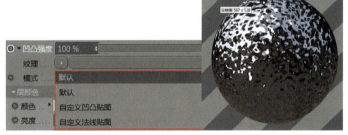

图2-272　　　　　　　　　　　　　　　　　　　　　　　　　图2-273

层颜色：用于定义当前层的颜色。通过调整颜色、亮度和加载纹理来改变层的颜色属性。

颜色：定义物体表面反射的颜色。如果想制作一个反射彩色的效果，则在"颜色"中选取想要反射的颜色；如果不想反射颜色，则将颜色设置为白色。

亮度：控制当前物体反射的亮度或控制物体反射效果的强弱程度。数值越大反射效果越强烈，数值越小反射效果越弱。

纹理：加载贴图来影响当前的层颜色。

混合模式：用于控制层颜色和层纹理的混合效果。

混合强度：控制层颜色和层纹理的混合强度，数值越低混合效果越弱，数值越高混合效果越强，如图2-274所示。

层遮罩：类似于Photoshop中的图层蒙版。黑色纹理表示隐藏当前的反射效果，白色纹理表示显示当前的反射效果，灰色则表示半隐半现当前的反射效果。在层遮罩中有数量、颜色、纹理、混合模式和混合强度5个属性。

图2-274

数量：控制物体反射效果，数值越大物体反射效果越强烈，数值为0时物体反射效果消失。

颜色：定义物体表面反射的颜色。

纹理：控制层遮罩的反射效果。当加载的纹理是以黑白灰的形式显示的时候，黑色表示直接隐藏当前的反射效果透显出下层的颜色，白色表示显示当前的反射效果，灰色表示半隐半现当前的反射效果，如图2-275所示。

混合模式：控制层遮罩与层纹理的混合模式，通过不同计算模式将层纹理与层遮罩的颜色混合，可以得到不同的效果。

混合强度：控制层遮罩和层纹理的混合强度，数值越低混合效果越弱，数值越高混合效果越强。

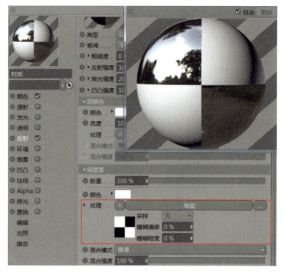

图2-275

层菲涅耳："菲涅耳"下拉列表中包含多种常用材质的预设效果，分为绝缘体和导体两大类，如图2-276所示。设置"菲涅耳"类型后，可以激活"预置"选项。例如，设置"菲涅耳"为"导体"，"预置"为"金"时，材质效果如图2-277所示。

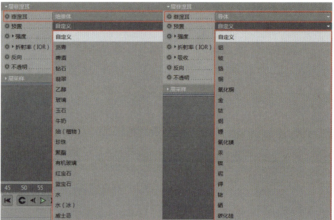

图2-276

层采样：通过调整层采样的数值，可以使整个材质的采样效果更加细腻。在层采样属性面板中可以设置采样细分、限制次级、切断、出口颜色及距离减淡等。

采样细分：控制物体表面反射的噪点，数值越小物体表面反射越粗糙噪点越大，数值越大物体表面反射越光滑噪点越小，如图2-278和图2-279所示。

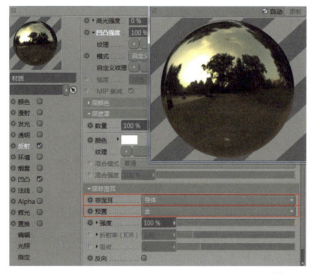

图2-277

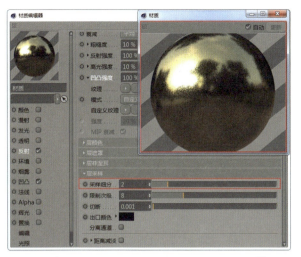
图2-278

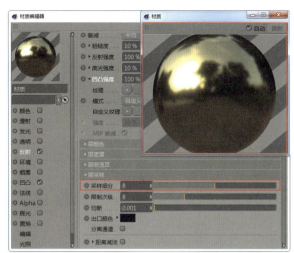
图2-279

限制次级：物体在反射HDRI时会在物体的表面产生非常亮的点。通过调整"限制次级"的数值可以控制亮点的多少，数值越高反射在物体表面的亮点越少。

切断：控制物体被反射在前方或附近的物体上反射的效果，数值越大前方或附近物体反射效果越弱，数值越小前方或附近物体反射效果越强，如图2-280和图2-281所示。

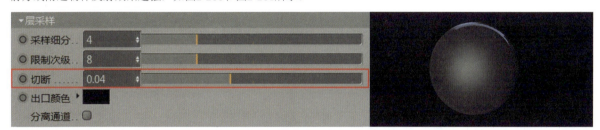
图2-280

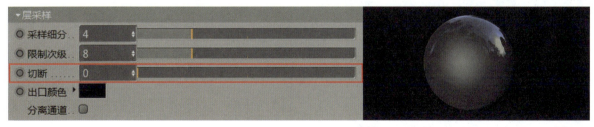
图2-281

出口颜色：调整物体与物体之间产生的颜色区域，如图2-282和图2-283所示。

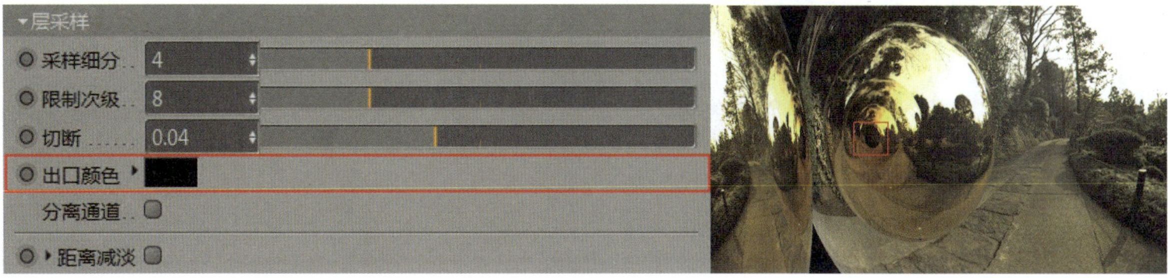

图2-282

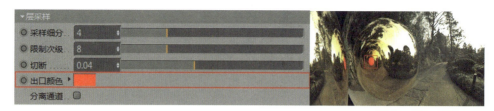

图2-283

距离减淡：控制对象反射距离的长短。在距离减淡选项区可以设置距离、衰减及距离颜色等，如图2-284～图2-286所示。

距离：控制物体投射的长短。距离数值越大物体投射效果越长。

衰减：控制物体投射的过渡效果。衰减数值越大物体投射效果越弱，衰减数值越小物体投射效果越强。

距离颜色：控制物体投射过渡颜色。

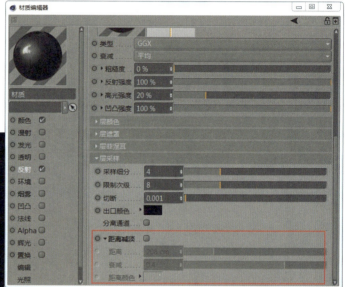

图2-284

图2-285

图2-286

■ 环境

将环境赋予物体表面模拟周围反射的效果。在环境的属性面板中，可以通过加载贴图表现材质表面的反射效果，如图2-287所示。

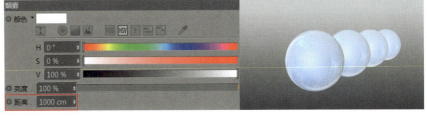

图2-287

■ 烟雾

模拟周围环境雾气的效果。烟雾属性面板中的"距离"用于控制物体在雾气中的能见度，数值越小能见度越低，距离数值越大能见度越高，如图2-288和图2-289所示。

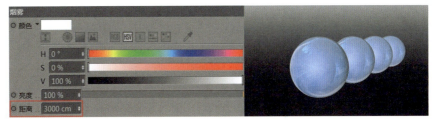

图2-288

图2-289

■ 凹凸

通过纹理的黑白信息来定义凹凸效果。凹凸的强弱效果通过"强度"的数值来控制，数值越大凹凸效果越明显，如图2-290所示。

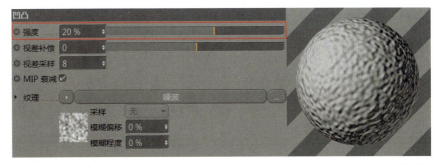

图2-290

■ 法线

法线能够使一个低层次、低细节的对象变为一个详细的、结构明确的对象，从而降低渲染的时间。通过在法线中添加贴图可以在表面形成特殊效果，如图2-291所示。

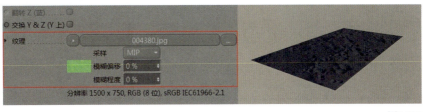

图2-291

■ Alpha

类似Photoshop中的Alpha通道，具有镂空和抠图的作用。Alpha属性面板中黑色表示镂空表面，白色表示显示表面，灰色表示半透明的状态。在纹理中加载一张黑白贴图，物体表面效果如图2-292所示。

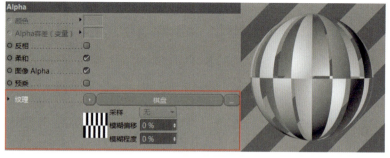

图2-292

■ 辉光

表现物体一种外发光的效果，可以用来模拟灯光和太阳等。在辉光的属性面板中可调整颜色、亮度、内外强度和半径等可以控制辉光的效果，如图2-293所示。

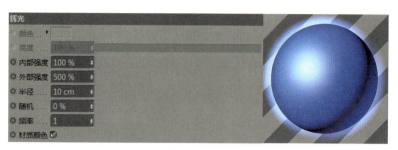

图2-293

■ 置换

对物体的表面产生凹凸效果，类似凹凸，置换产生的凹凸效果更为强烈，通过调整"强度"和"高度"的数值可以使原本物体表面的形状发生很大的变化，如图2-294所示。

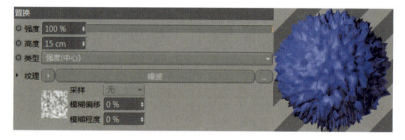

图2-294

■ 编辑

在编辑的属性面板中可以设置动画预览、OpenGL、反射率预览和视图Tessellation等属性，如图2-295所示。

重要参数讲解

动画预览：勾选"动画预览"选项之后，可以设置预览纹理的尺寸。

OpenGL：控制纹理内部的未着色区域的显示，调整之后可以在视图窗口中显示更详细的纹理。

反射率预览：设置纹理的预览尺寸。"尺寸"和"采样"的数值越大，需要的计算机内存越多，这里的数值一般不去调整。

视图Tessellation：保持默认选项即可。

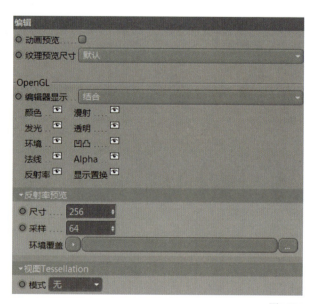

图2-295

■ 光照

控制整个场景中产生与接收的全局光照效果，以及产生与接收的焦散效果，如图2-296所示。

图2-296

■ 指定

在对象过多而材质相同的情况下，可以通过此命令将相同材质的对象直接拖曳到"指定"面板中进行材质的更换，如图2-297所示。

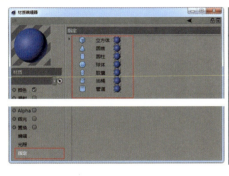
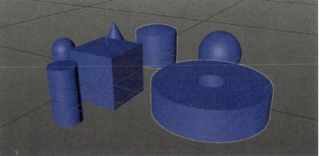

图2-297

至此，"材质编辑器"窗口中的重要内容已经介绍完成，希望读者能够认真学习。下面，通过案例来学习的"材质编辑器"窗口的具体应用技巧。在案例讲解的过程中，如果有重复的基础知识则不再赘述。

2.2.2 材质渲染：金属文字

- 视频名称　材质渲染：金属文字
- 实例位置　实例文件 >CH02> 材质渲染：金属文字
- 学习目标　掌握金属材质的制作方法

本小节将为读者详细讲解金属文字的渲染制作方法，案例效果如图2-298所示。

图2-298

01 打开金属文字工程文件，场景中的灯光已经布好。创建一个新的材质，打开"材质编辑器"窗口，勾选"反射"选项，添加GGX反射，如图2-299所示。

图2-299

02 在GGX的属性面板中设置"粗糙度"为15%,"菲涅耳"为"导体","预置"为"金",如图2-300所示。

03 将创建的金属材质赋予文字模型,进行渲染,效果如图2-301所示。

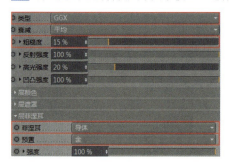

图2-300

图2-301

2.2.3 材质渲染:陶瓷茶壶

◎ 视频名称　材质渲染:陶瓷茶壶
◎ 实例位置　实例文件 >CH02> 材质渲染:陶瓷茶壶
◎ 学习目标　掌握陶瓷材质的制作方法

本小节将为读者详细讲解陶瓷茶壶的渲染制作方法,案例效果如图2-302所示。

图2-302

01 打开陶瓷茶壶工程文件,场景中的灯光已经布好。创建一个新的材质,打开"材质编辑器"窗口,设置"颜色"为(R:48,G:141,B:255),如图2-303所示。

02 设置"反射"的"类型"为GGX,"菲涅耳"为"绝缘体",接着在"默认高光"属性面板中设置"类型"为"高光-Blinn(传统)","宽度"为38%,"高光强度"为77%,如图2-304和图2-305所示。

03 将创建的材质赋予茶壶模型,进行渲染,效果如图2-306所示。

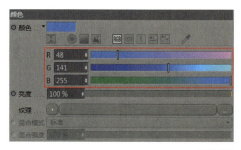

图2-303

图2-304

图2-305

图2-306

2.2.4 材质渲染：玻璃高脚杯

◎ 视频名称　材质渲染：玻璃高脚杯
◎ 实例位置　实例文件 >CH02> 材质渲染：玻璃高脚杯
◎ 学习目标　掌握玻璃材质的制作方法

本小节将为读者详细讲解玻璃高脚杯的渲染制作方法，案例效果如图2-307所示。

图2-307

01 打开玻璃高脚杯工程文件，场景中的灯光已经布好。创建一个新的材质，打开"材质编辑器"窗口，在"透明"属性面板中设置"折射率预设"为"玻璃"，"折射率"为1.517，勾选"全内部反射"和"双面反射"选项，如图2-308所示。

02 设置"类型"为GGX，"菲涅耳"为"绝缘体"，"预置"为"玻璃"，接着在"默认高光"属性面板中设置"类型"为"高光-Blinn（传统）"，"宽度"为20%，"高光强度"为89%，如图2-309和图2-310所示。

03 将创建的材质赋予高脚杯模型进行渲染，效果如图2-311所示。

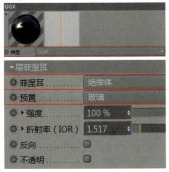

图2-309

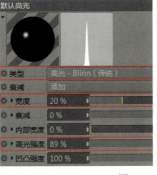

图2-310

图2-311

2.2.5 材质渲染：玉龙

◎ 视频名称　材质渲染：玉龙
◎ 实例位置　实例文件 >CH02> 材质渲染：玉龙
◎ 学习目标　掌握次表面散射材质的制作方法

本小节将为读者详细讲解玉龙的渲染制作方法，案例效果如图2-312所示。

图2-312

01 打开龙的工程文件，场景中的灯光已经布好。创建一个新的材质，打开"材质编辑器"窗口，勾选"发光"选项，单击"纹理"后的 按钮，在弹出的扩展面板中选择"效果>次表面散射"选项，设置"纹理"为"次表面散射"

后，单击加载的纹理，打开"着色器属性"面板，设置"颜色"为（R:13,G:255,B:138），如图2-313和图2-314所示。

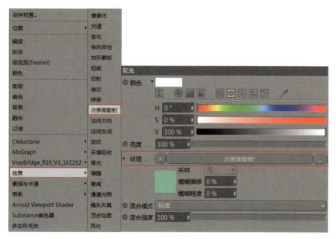

图2-313

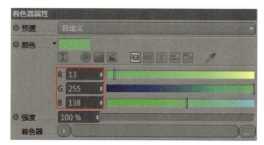

图2-314

02 在GXX属性面板中设置"类型"为GGX，"菲涅耳"为"绝缘体"，"预置"为"玉石"，如图2-315所示。

03 将创建的材质赋予模型，进行渲染，效果如图2-316所示。

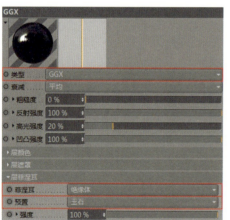

图2-315

图2-316

2.3 粒子特效制作

粒子特效可以丰富画面的视觉效果。学习粒子的建立、发射、汇聚、跟随、破碎、路径动画和受风力影响等特性，有利于丰富和完善画面视觉效果。

2.3.1 粒子发射器与力场

本小节讲解粒子发射器的建立方法及其属性，以及力场的相关属性。

执行"模拟>粒子>发射器"菜单命令，会在场景中创建一个粒子发射器，单击"向前播放"按钮，即可观察粒子效果，如图2-317所示。

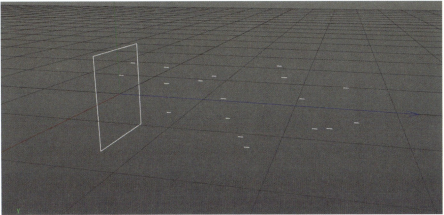

图2-317

■ 粒子属性

发射器的属性面板，如图2-318所示。

重要参数讲解

基本：在基本属性面板中可以更改发射器的名称及颜色，设置编辑器和渲染器的显示状态，勾选和未勾选"透显"可以对发射器半透明和不透明的显示状态进行设置，如图2-319所示。

坐标：控制发射器的位置、缩放及旋转属性，如图2-320所示。

图2-318　　　　　　　　　　　　图2-319　　　　　　　　　　　　图2-320

粒子：通过计算机图形学模拟特定的模糊现象。通过设置粒子的编辑器生成比率、渲染器生成比率、可见、投射起点、投射终点、种子、生命、速度及旋转等，可以模拟出各式各样抽象的视觉效果。

编辑器生成比率：设置发射器发射粒子的数量。

渲染器生成比率：粒子在渲染过程中实际生成粒子的数量，多数情况下"渲染器生成比率"和"编辑器生成比率"的数值是一样的。

可见：设置粒子在视图中的可视化的百分比数量。

投射起点/投射终点：设置粒子发射的起始和结束的帧数。

种子：设置粒子发射中的状态表现。

生命：设置粒子寿命，并可以使粒子的寿命进行随机变化。

速度：设置粒子的运动速度，并可以使粒子的速度进行随机变化。

旋转：设置粒子的旋转方向，并可以使粒子的旋转方向进行随机变化，如图2-321所示。

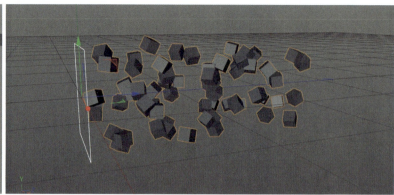

图2-321

终点缩放：设置粒子运动结束前的缩放比例，并可以使粒子的缩放比例进行随机变化，如图2-322所示。

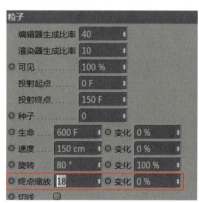
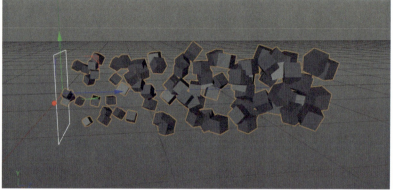

图2-322

切线：勾选"切线"选项后，发出的粒子方向将呈现与z轴处于水平对齐的效果，如图2-323所示。

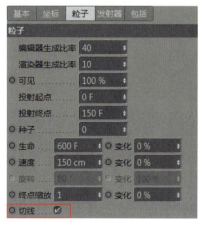
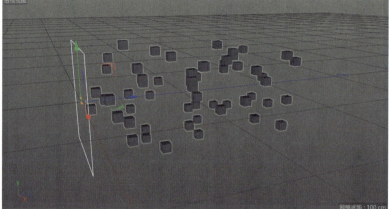

图2-323

显示对象：显示场景中替换粒子的对象。

渲染实例：勾选该选项后，发射器变成可以编辑的对象，或者直接选中发射器并按C键，发射的粒子都会变成渲染实例对象，如图2-324所示。

发射器：设置发射器的水平与垂直的尺寸，以及发射粒子的水平和垂直角度。在发射器分为角锥和圆锥两种类型，如图2-325所示，"角锥"可以控制发射器水平和垂直角度，"圆锥"只能控制发射器水平角度。

包括：用于设置力场包含或排除发射粒子的作用，如图2-326所示。

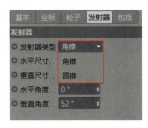

图2-325

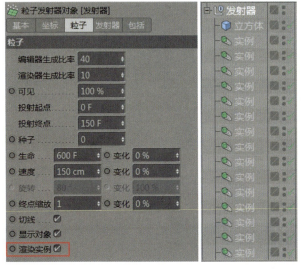

图2-324　　　　　　　　　　　　　　　　　　　　　　　　图2-326

■ 力场

执行"模拟>粒子"菜单命令，"发射器"下面的选项均与力场相关，如图2-327所示。

重要参数讲解

引力：模拟粒子间的吸引和排斥效果，面板如图2-328所示。

强度：控制粒子吸引和排斥的效果。当"强度"数值是正值时为吸引效果，当强度数值是负值时为排斥效果。

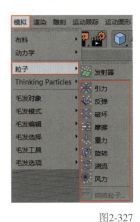

图2-327

图2-328

速度限制：限制粒子引力之间距离。数值越小粒子与引力产生的距离效果越弱，数值越大粒子与引力产生的距离效果越强。

模式：通过引力的"加速度"和"力"两种模式影响粒子的运动效果，一般默认"加速度"。

形状：通过不同的形状控制引力与粒子的影响范围。黄色线框区域以内为引力衰减作用范围，红色和黄色线框之间为引力衰减区域，红色线框区域为无衰减引力区域。通过尺寸、缩放、偏移及切片等参数可以控制衰减的大小及方向，如图2-329所示。

反弹：对粒子产生反弹的效果，如图2-330所示。

弹性：控制弹力，数值越大弹力效果越好。

 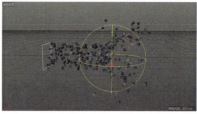 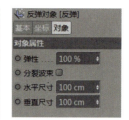

图2-329　　　　　　　　　　　图2-330

分裂波束：勾选此选项后，可对部分粒子进行反弹，如图2-331所示。

水平尺寸/垂直尺寸：设置弹力形状的尺寸。

破坏：用于当粒子接触破坏力场时产生消失的效果，如图2-332所示。

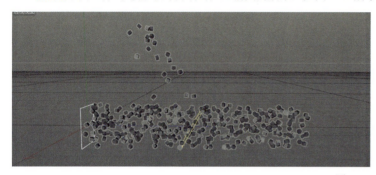 

图2-331　　　　　　　　　　　图2-332

随机特性：设置粒子在接触破坏力场时消失的数量。数值越小粒子消失的数量越多，数值越大粒子消失的数量越少。

尺寸：设置破坏力场的尺寸，如图2-333所示。

摩擦：用于对粒子在运动过程中产生阻力效果，如图2-334所示。

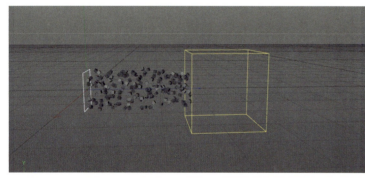 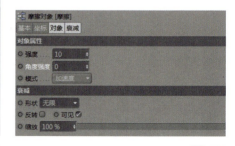

图2-333　　　　　　　　　　　图2-334

强度：设置粒子在运动中的阻力效果。数值越大阻力效果越强。

角度强度：设置粒子在运动中的角度变化效果。数值越大角度变化越小。

模式：通过摩擦的"加速度"和"力"两种模式影响粒子的阻力效果，一般默认"加速度"。

形状：通过不同的形状去控制摩擦力与粒子的影响范围。黄色线框区域以内为摩擦衰减作用范围，红色和黄色线框之间为摩擦衰减区域，红色线框区域为无衰减摩擦区域。通过尺寸、缩放、偏移及切片等参数可以控制衰减的大小及方向，如图2-335所示。

重力：用于使粒子在运动过程中产生下落的效果，如图2-336所示。

 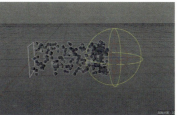 

图2-335　　　　　　　　　图2-336

加速度：设置粒子在重力力场作用下的运动速度。加速度数值越大，粒子的重力速度与效果越明显，加速度数值越小，粒子的重力速度与效果越不明显。

模式：通过重力的"加速度""力"和"空气动力学风"3种模式影响粒子的重力效果，一般默认"加速度"。

形状：通过不同的形状控制重力与粒子的影响范围。黄色线框区域以内为重力衰减作用范围，红色和黄色线框之间为重力衰减区域，红色线框区域为无衰减重力区域。通过尺寸、缩放、偏移及定位等参数可以控制衰减的大小及方向，如图2-337所示。

旋转：使粒子在运动过程中产生旋转效果，如图2-338所示。

图2-337　　　　　　　　　图2-338

角速度：控制粒子在运动中旋转速度。数值越大粒子在运动中旋转的速度越快。

模式：通过旋转的"加速度""力"和"空气动力学风"3种模式影响粒子的旋转效果，一般默认"加速度"。

形状：通过不同的形状控制旋转与粒子的影响范围。黄色线框区域以内为旋转衰减作用范围，红色和黄色线框之间为旋转衰减区域，红色线框区域为无衰减旋转区域。通过尺寸、缩放、偏移及切片等参数可以控制衰减的大小及方向，如图2-339所示。

湍流：使粒子在运动过程中产生随机的抖动效果，如图2-340所示。

  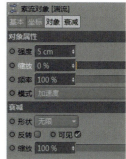

图2-339　　　　　　　　　图2-340

强度：设置湍流对粒子的强度。数值越大湍流对粒子产生的效果越明显。

缩放：设置粒子在湍流缩放下产生的聚集和散开的效果。数值越大湍流缩放的聚集和散开效果越明显。

频率：设置粒子的抖动幅度和次数。频率值越大，粒子抖动幅度和效果越明显。

模式：通过湍流的"加速度""力"和"空气动力学风"3种模式影响粒子的抖动效果，一般默认"加速度"。

形状：通过不同的形状控制湍流与粒子的影响范围。黄色线框区域以内为湍流衰减作用范围，红色和黄色线框之间为湍流衰减区域，红色线框区域为无衰减湍流区域。通过尺寸、缩放、偏移及切片等参数可以控制衰减的大小及方向，如图2-341所示。

风力：用于设置粒子在风力作用下的运动效果，如图2-342所示。

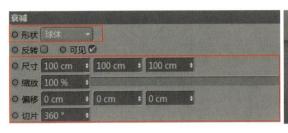

图2-341　　　　　　　　　图2-342

速度：设置风力的速度。数值越大粒子运动的效果越强烈。

紊流：设置粒子在风力作用下的抖动效果。数值越大粒子抖动效果越强烈。

紊流缩放：设置粒子在风力运动下抖动时聚集和散开效果。

紊流频率：设置粒子的抖动幅度和次数。频率越高粒子抖动幅度和效果越明显。

模式：通过风力的"加速度""力"及"空气动力学风"3种模式影响粒子的运动效果，一般默认"加速度"。

形状：通过不同的形状控制风力与粒子的影响范围。黄色线框区域以内为风力衰减作用范围，红色和黄色线框之间为风力衰减区域，红色线框区域为无衰减风力区域。通过尺寸、缩放、偏移和切片等参数可以控制衰减的大小及方向，如图2-343所示。

烘焙粒子：用于记录粒子发射之后的运动轨迹，记录完成之后拖动动画面板的播放滑块，可以播放粒子的运动轨迹。选择"模拟>粒子>烘焙粒子"菜单命令，如图2-344所示，打开"烘焙粒子"窗口，可以对粒子运动的起点及终点帧数进行设置，如图2-345所示。"每帧采样"用于设置烘焙的精度，数值越大采样的精度越精细。"烘焙全部"用于设置每次烘焙的帧数。

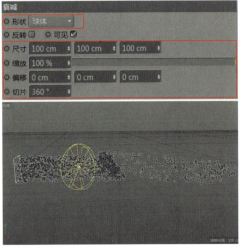

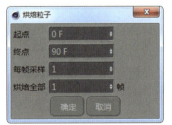

图2-343　　　　　　　　　图2-344　　　　　　　　　图2-345

2.3.2 粒子特效：抽象光线

◎ 视频名称　粒子特效：抽象光线
◎ 实例位置　实例文件 >CH02> 粒子特效：抽象光线
◎ 学习目标　掌握抽象光线的制作方法

本小节将为读者详细讲解抽象光线的制作方法，最终效果如图2-346所示。

图2-346

■ 案例概述

在制作抽象光线时，首先要创建一个发射器，并对粒子的数量及运动的效果进行设置。其次设置粒子运动表现效果及相应的材质。最后进行后期处理，一般会借助Photoshop对其进行必要的修饰。

■ 创建粒子

01 选择"模拟>粒子>反射器"菜单命令，如图2-347所示，在场景中创建粒子发射器。
02 创建一个立方体，将其放置在发射器下方建立父子级关系，如图2-348所示。
03 选择发射器并在粒子属性面板中勾选"显示对象"选项，如图2-349所示，然后单击"向前播放"按钮进行播放。

图2-347　　　　图2-348

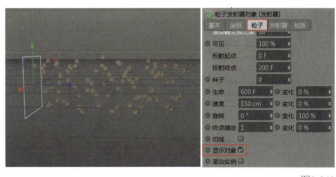
图2-349

04 这时粒子的发射效果非常单调。选中发射器，执行"运动图形>追踪对象"菜单命令，如图2-350所示，为发射出的粒子添加拖尾效果。

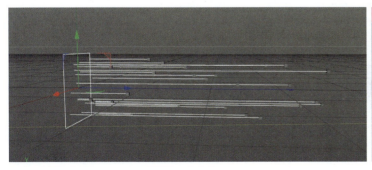

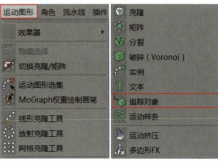

图2-350

05 为发射器添加"引力""湍流"和"旋转"力场，丰富粒子的运动轨迹，参数如图2-351所示。生成的效果如图2-352所示。

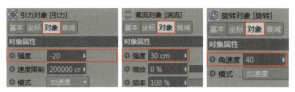

图2-351　　　　　　　　　　　　　　　图2-352

06 为了使粒子在发射过程中的运动轨迹更丰富，继续对发射器参数进行设置，如图2-353和图2-354所示。

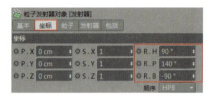

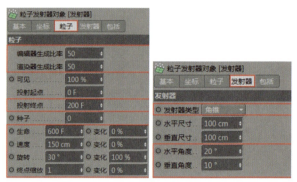

图2-353　　　　　　　　　　　　　　　图2-354

07 对发射器进行播放，效果如图2-355所示。

■ 设置材质

01 在材质面板中选择"创建>着色器>毛发材质"选项，双击毛发材质打开"材质编辑器"窗口，接着在"颜色"选项中设置毛发渐变滑块的颜色分别为（R:69,G:23,B:153）和（R:224,G:44,B:237），勾选"粗细"选项，设置"发根"为2cm，"发梢"为0.1cm，如图2-356和图2-357所示。

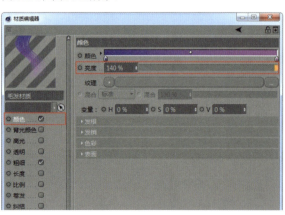

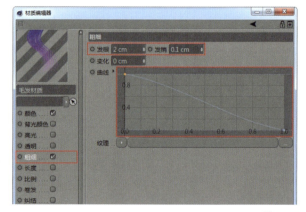

图2-356　　　　　　　　　　　　　　　图2-357

02 将调整好的毛发材质赋予追踪对象，然后新建一个材质，勾选"发光"选项，设置"颜色"为（R:249,G:72,B:255），如图2-358所示。

03 使用"背景"工具创建背景，然后新建一个材质，打开"材质编辑器"窗口，接着勾选"颜色"选项，设置"纹理"为"渐变"，在"渐变"属性面板中设置渐变色条的颜色分别为（R:75,G:0,B:74）和（R:4,G:3,B:54），如图2-359和图2-360所示。

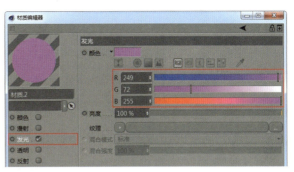

图2-358

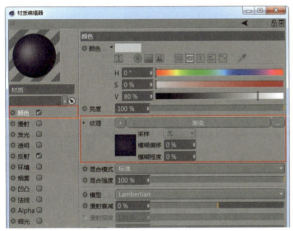

图2-359

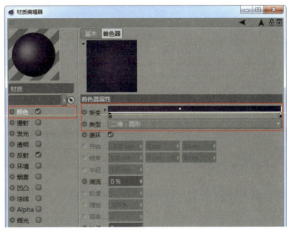

图2-360

04 新建一个材质，勾选"发光"选项，设置"颜色"为（R:249,G:72,B:255），如图2-361所示，赋予发射器下方的立方体对象。

05 创建一盏"区域光"放置在整个粒子的正上方，并调整相关参数，如图2-362和图2-363所示。

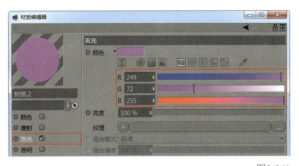

图2-361

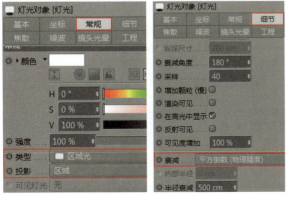

图2-362

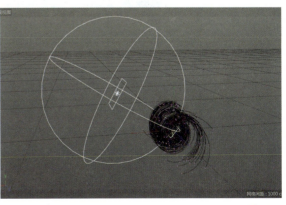

图2-363

06 创建一台摄像机并调整好角度,单击"渲染到图片查看器"按钮 进行渲染,效果如图2-364所示。

图2-364

■ 后期处理

01 将效果图导入Photoshop进行简单的处理。在效果图图层的上方建立"曲线"调整图层和"色相/饱和度"调整图层,并对相应的参数进行调整,如图2-365所示。

02 新建一个空白图层,选择软笔头"画笔"工具,设置"前景色"为(R:217,G:34,B:206),再将图层混合模式改为"叠加",设置"不透明度"为53%,进行绘制,如图2-366所示。至此粒子特效抽象光线效果作品制作完成,最终效果如图2-367所示。

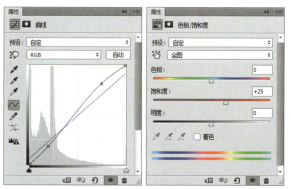

图2-365

图2-366

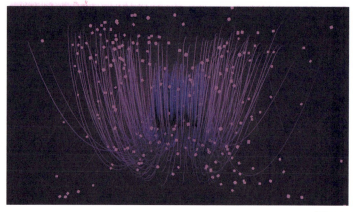

图2-367

第 3 章

车间流水线风格: 手机加工厂

本章讲解车间流水线风格的手机加工厂场景的制作，案例最终效果如图3-1所示。

图3-1

◎ 视频名称　车间流水线风格：手机加工厂
◎ 实例位置　实例文件 >CH03> 车间流水线风格：手机加工厂
◎ 学习目标　掌握流水线风格模型的制作方法及玻璃材质的设置方法等

3.1　主体模型的制作

在制作案例之前，对模型进行分析和拆分，以便在制作过程中有明确的思路。本案例场景可以大概分为主体加工区、发动机区、电池温度区、记忆存储区、管道传送区和散热区等，分别如图3-2～图3-7所示。拆解完成后逐一对其进行建模。

图3-2　　　　　　　　　　　　图3-3　　　　　　　　　　　　图3-4

图3-5　　　　　　　　　　　　图3-6　　　　　　　　　　　　图3-7

3.1.1 主体加工区模型的创建

`01` 创建一个矩形样条线,调整圆角和大小,如图3-8所示,接着对样条线进行挤压作为整个模型的舞台,如图3-9所示。

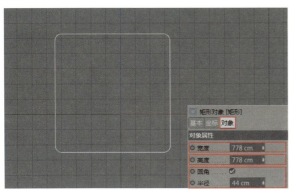
图3-8

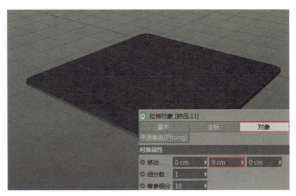
图3-9

`02` 创建一个立方体,使用"循环/路径切割"工具为其添加分段线,如图3-10所示。

`03` 对立方体进行造型调整,如图3-11所示。

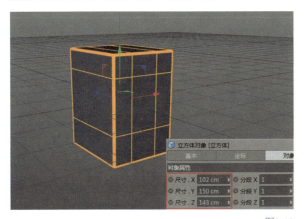

图3-10　　　　　　　　　　　　　　　　　　　　　图3-11

`04` 创建一个矩形样条线,调整大小和圆角,对其进行扫描,如图3-12所示。

`05` 创建两个圆柱,分别标识为①和②,调整大小后进行组合,如图3-13所示,选中组合对其进行复制并放置在另一侧。

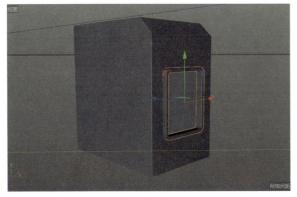
图3-12

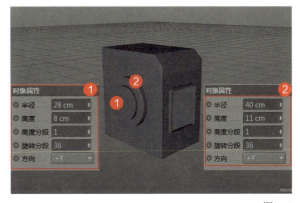
图3-13

06 创建一个样条线,将其转换为可编辑对象,进行扫描,如图3-14所示。

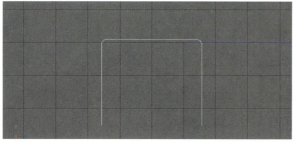
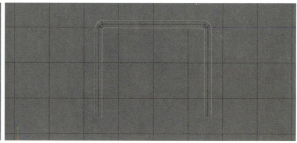

图3-14

07 创建两个矩形样条线,设置小矩形样条线的"宽度"为1cm、"高度"为43cm,勾选"圆角"选项,设置大矩形样条线的"宽度"为50cm、"高度"为5cm、"圆角半径"为2.5cm、"平面"为ZY,勾选"圆角"选项,创建完成后将二者进行扫描,如图3-15所示。

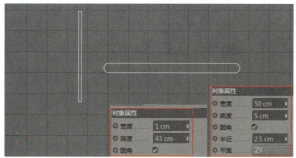

图3-15

08 将扫描好的模型进行组合,如图3-16所示。 09 将之前所有的模型进行组合,如图3-17所示。

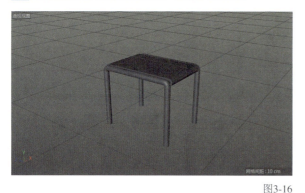
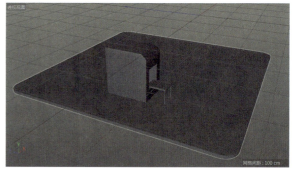

图3-16 图3-17

10 创建一个立方体,调整尺寸和圆角并进行内部挤压,如图3-18所示,接着将立方体进行挤压,如图3-19所示。

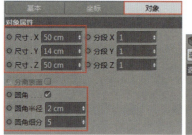
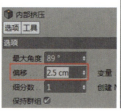
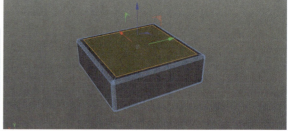

图3-18

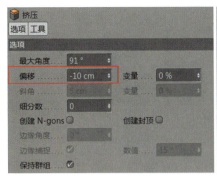
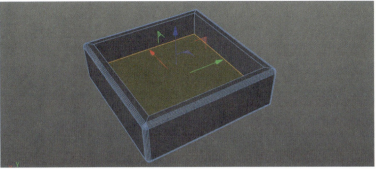

图3-19

11 创建两个尺寸不同的圆柱体,如图3-20所示,将两个圆柱体进行组合,如图3-21所示。

12 将之前做好的模型放置在挤压后的立方体的内部并进行组合,如图3-22所示。

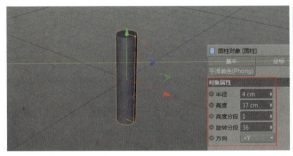
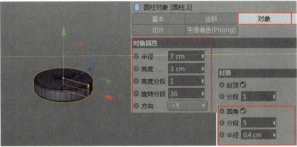

图3-20

图3-21

图3-22

13 创建圆柱体和立方体,调整相关参数,如图3-23所示,接着将二者进行布尔运算,如图3-24所示。

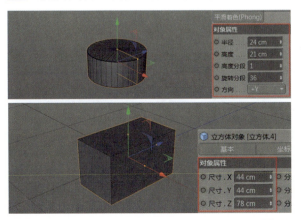

图3-23

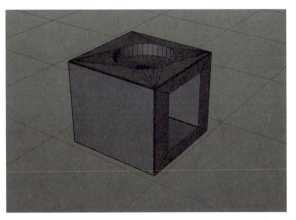

图3-24

107

14 绘制3个圆环,"半径"分别为12cm、18cm和24cm,如图3-25所示。选中所有的圆环,单击鼠标右键,在弹出的菜单中选择"连接对象+删除"选项,将3个圆环合并成一个整体并进行扫描,如图3-26所示。

15 用"画笔"工具绘制扇叶轮廓,对其进行挤压,如图3-27所示。

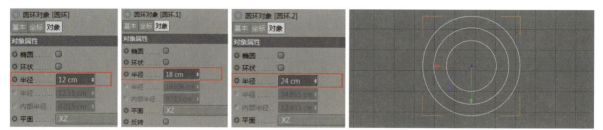

图3-25

图3-26

图3-27

16 选择扇叶对象进行复制,共计12个,然后创建圆柱体,调整尺寸,与12个扇叶进行拼合,如图3-28所示。

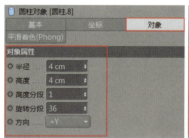 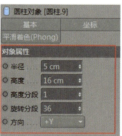 

图3-28

17 将制作好的风扇和立方体进行组合,如图3-29所示。

18 绘制一条样条线并对其进行挤压,如图3-30所示。

19 将挤压后的模型进行复制并组合,如图3-31所示。

  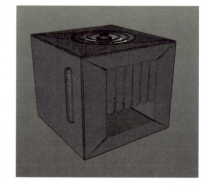

图3-29　　　　　　　　　　图3-30　　　　　　　　　　图3-31

20 绘制两条样条线,并进行放样,如图3-32所示,作为滑梯,接着对其使用"布料曲面"命令,设置"厚度"为1cm,如图3-33所示。

21 复制之前的样条线,进行扫描,并与滑梯进行组合,如图3-34所示。

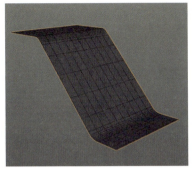
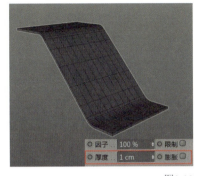

图3-32　　　　　　　　　　图3-33　　　　　　　　　　图3-34

22 绘制一条螺旋线,进行编辑并扫描,如图3-35所示。

23 绘制一个圆柱体,将其转换为可编辑对象,使用"循环/路径切割"工具添加分段线,如图3-36所示。

24 选择"边"工具,对圆柱体的一边进行放大,如图3-37所示。

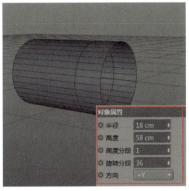
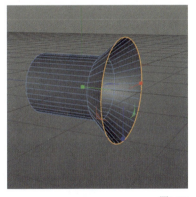

图3-35　　　　　　　　　　图3-36　　　　　　　　　　图3-37

25 使用"循环/路径切割"工具添加分段线,并对切割的面进行挤压,如图3-38和图3-39所示。

26 对圆柱体使用"布料曲面"和"细分曲面"命令,然后将圆柱体与螺旋几何体进行组合,如图3-40所示。

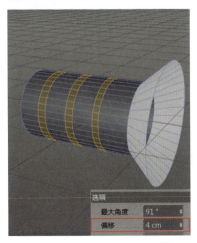
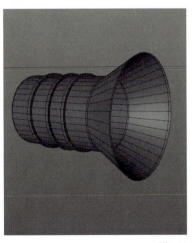

图3-38　　　　　　　　　　图3-39　　　　　　　　　　图3-40

27 选择造型工具组中的"融球"工具,添加多个球体进行组合,如图3-41所示。

28 将制作好的模型进行组合,如图3-42所示。

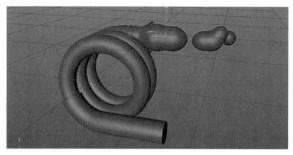

图3-41　　　　　　　　　　　　　　　　　　图3-42

29 绘制一条半圆形样条线,对其进行扫描,如图3-43所示。

30 绘制一条样条线,对其进行扫描,如图3-44所示。

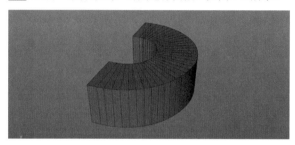

图3-43　　　　　　　　　　　　　　　　　　图3-44

31 绘制一个矩形样条线,对其进行挤压,如图3-45所示,作为手机外壳。

32 在手机外壳的表面创建圆柱体和立方体,然后进行布尔运算,如图3-46所示。

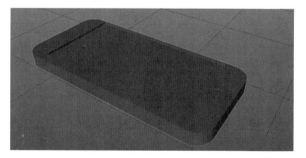

图3-45　　　　　　　　　　　　　　　　　　图3-46

33 创建一个立方体及一个圆柱体,作为手机屏幕和按键,至此一个简易的手机模型制作完成,如图3-47所示。

34 将上面所有的模型进行组合,主体加工区的模型效果如图3-48所示。

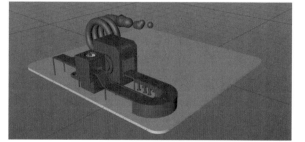

图3-47　　　　　　　　　　　　　　　　　　图3-48

3.1.2 发动机区建模

01 按照从①~⑥的顺序,创建6个立方体,并对其进行组合,如图3-49所示。

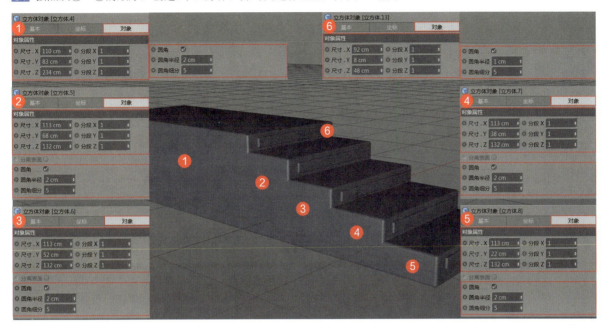

图3-49

02 创建一个样条线进行编辑,然后进行挤压,如图3-50所示。

03 把挤压后的模型转为可编辑对象,添加分段线后再挤压,如图3-51和图3-52所示。

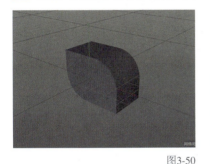 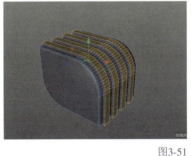 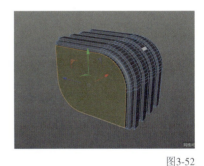

图3-50　　　　　　　　　　　　图3-51　　　　　　　　　　　　图3-52

04 对上一步编辑的模型使用"细分曲面"命令,如图3-53所示。

05 将制作好的模型进行组合,如图3-54所示。

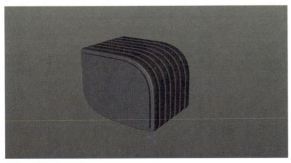 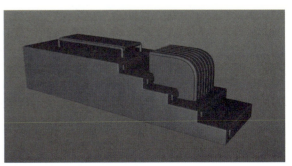

图3-53　　　　　　　　　　　　　　　　　　图3-54

3.1.3 电池温度区模型的创建

`01` 按照从①~④的顺序,创建4个圆柱体,进行组合,如图3-55所示,复制2个组合,作为电池模型。

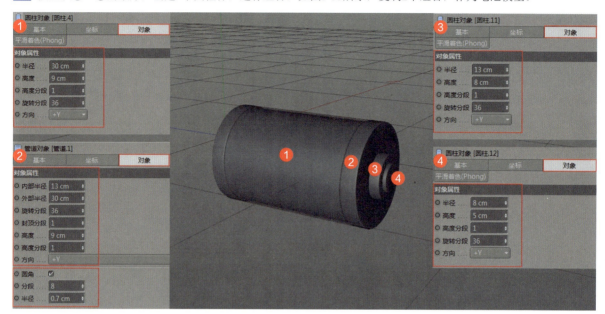

图3-55

`02` 创建一个立方体,如图3-56所示,然后与创建好的电池模型进行组合,如图3-57所示。

图3-56　　　　　　　　　　　　　　　　　　　图3-57

`03` 创建一个样条线,对其进行编辑并挤压,如图3-58所示。

`04` 创建一条样条线对其进行旋转,如图3-59所示。

`05` 将旋转好的样条线进行复制组合,如图3-60所示。

图3-58　　　　　　　　　　　图3-59　　　　　　　　　　　图3-60

06 创建立方体并复制，使其对称摆放，作为温度计的刻度，如图3-61所示。

07 使用"文本"工具输入"℃"，对其进行挤压，如图3-62所示。

图3-61　　　　　　　　　　　　　　　　　　图3-62

08 将上面制作好的模型进行组合，如图3-63所示。

09 将温度计模型与电池模型进行组合，如图3-64所示。

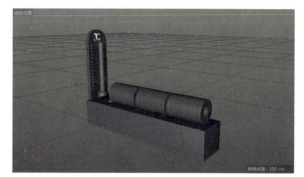

图3-63　　　　　　　　　　　　　　　　　　图3-64

3.1.4　记忆存储区模型的创建

01 创建立方体并调整尺寸，如图3-65所示，然后为其添加循环分段线并进行编辑，如图3-66所示。

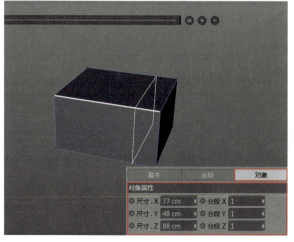
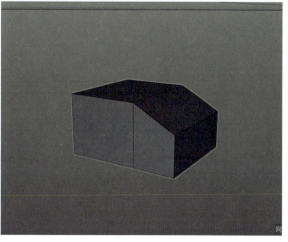

图3-65　　　　　　　　　　　　　　　　　　图3-66

02 创建4个不同尺寸的立方体并进行组合，如图3-67所示。

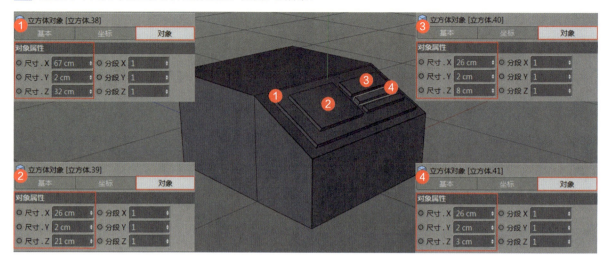

图3-67

03 创建一个矩形样条线，设置"宽度"和"高度"，如图3-68所示，并将其转换为可编辑对象。

04 选中矩形样条线的一个点，单击鼠标右键，在弹出的菜单中选择"断开连接"命令，如图3-69所示。

05 删除断开的样条线，然后选择样条线左上角的点，单击鼠标右键，在弹出的菜单中选择"倒角"选项，并进行设置，如图3-70所示。

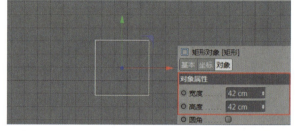

图3-68

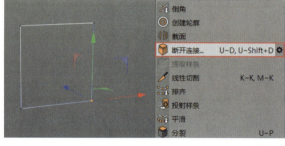

图3-69

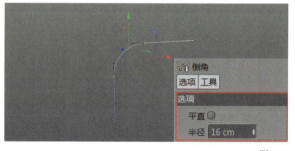

图3-70

06 创建一个圆形样条线并调整尺寸，如图3-71所示，然后将上一步编辑后的样条线与圆形进行扫描，并与其他模型组合，如图3-72所示。

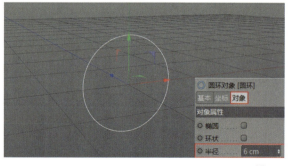

图3-71

图3-72

07 创建一个圆柱体并调整尺寸,如图3-73所示,然后将其与上一步的模型进行组合,如图3-74所示。

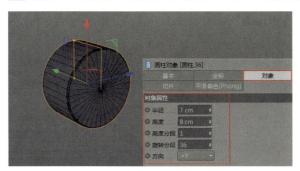
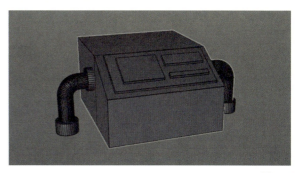

图3-73　　　　　　　　　　　　　　　　　　　　图3-74

08 创建一个样条线,调整尺寸并将其转换为可编辑对象,如图3-75所示。

09 选中上一步创建的样条线,单击鼠标右键,在弹出的菜单中选择"创建点"命令,添加3个点并移动,如图3-76和图3-77所示。

10 使用"挤压"工具对编辑好的样条线进行挤压,如图3-78所示。

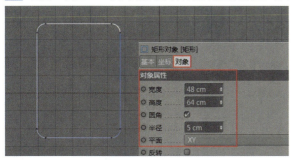
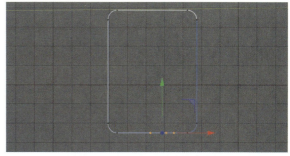

图3-75　　　　　　　　　　　　　　　　　　　　图3-76

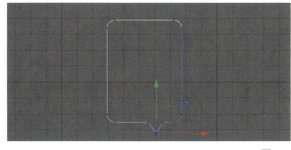
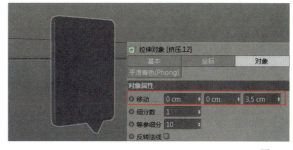

图3-77　　　　　　　　　　　　　　　　　　　　图3-78

11 创建立方体并调整尺寸,如图3-79所示,然后与上一步创建的模型进行组合,如图3-80所示。

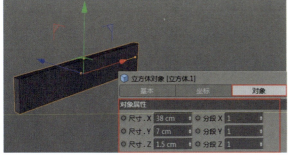
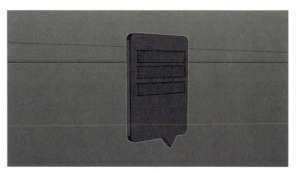

图3-79　　　　　　　　　　　　　　　　　　　　图3-80

12 创建一个立方体并调整参数，如图3-81所示，然后将上面创建的所有的模型进行组合，记忆存储区模型如图3-82所示。

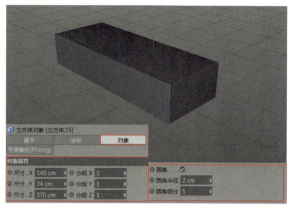

图3-81

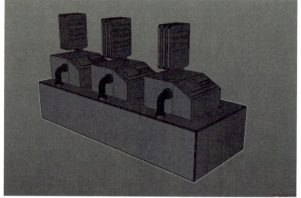

图3-82

3.1.5 管道传送区模型的创建

01 绘制一条样条线并对其进行扫描，如图3-83所示，作为管道。

02 丰富管道的效果，如图3-84所示。

图3-83　　　　　　　　　　　　　　　　　　　　图3-84

3.1.6 散热区模型的创建

01 选择"画笔"工具绘制一条不规则的样条线，选中样条上的点，然后单击鼠标右键，在弹出的菜单中选择"倒角"命令，并对其进行相关设置，如图3-85所示。

02 选择"画笔"工具绘制样条线，然后选中样条上的点进行"倒角"操作，如图3-86所示。

图3-85

图3-86

03 将创建的样条线进行组合,然后创建两个圆环作为扫描的路径,如图3-87所示,接着将创建好的样条线进行扫描,如图3-88所示。

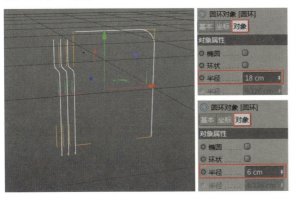
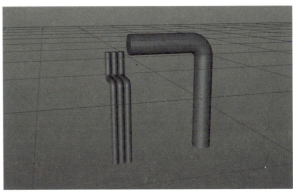

图3-87　　　　　　　　　　　　　　　　　图3-88

04 创建一个管道并调整参数,如图3-89所示。丰富散热区管道的组合,如图3-90所示。

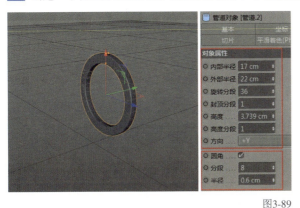
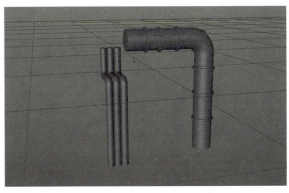

图3-89　　　　　　　　　　　　　　　　　图3-90

05 创建一个立方体,调整参数,如图3-91所示,将其转变成可编辑对象,再选中一个面对其进行内部挤压,如图3-92所示。

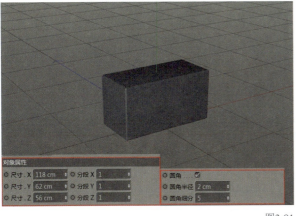
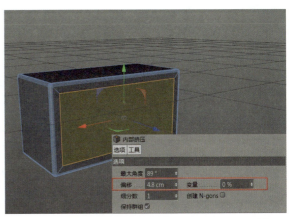

图3-91　　　　　　　　　　　　　　　　　图3-92

06 单击鼠标右键,在弹出的菜单中选择"挤压"命令,然后调整相应参数,如图3-93所示。

07 创建立方体并调整参数,如图3-94所示,然后将之前挤压好的立方体进行复制组合,如图3-95所示。

08 将创建好的模型进行组合,如图3-96所示。

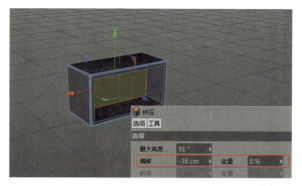

图3-93

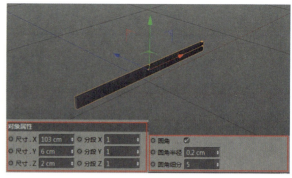

图3-94

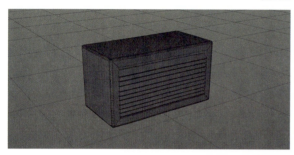

图3-95

图3-96

09 使用"文本"工具输入文字并进行挤压,如图3-97所示。至此,手机加工厂模型全部创建完成,组合后的效果如图3-98所示。

图3-97

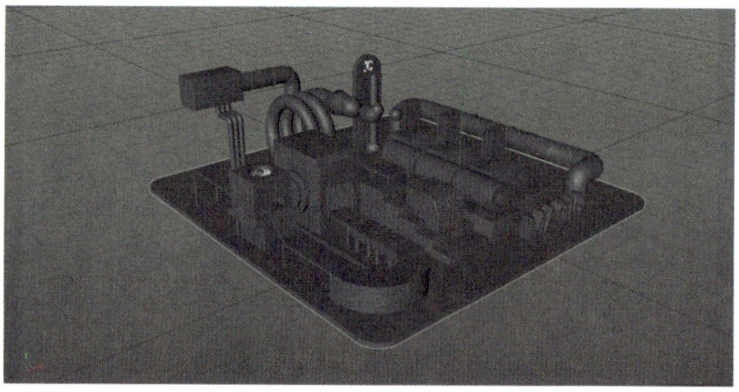

图3-98

3.2 设置材质

三维作品中物体的颜色、纹理、透明度和光泽度等特性都需要通过材质来表现,材质在三维作品中有着举足轻重的作用,下面通过设置材质来完善作品。

3.2.1 黄色材质

创建空白材质,双击进入"材质编辑器"窗口,具体参数设置如图3-99和图3-100所示。

操作步骤

① 勾选"颜色"选项,设置"颜色"为(R:230,G:195,B:96),"亮度"为100%。

② 勾选"反射"选项,设置"类型"为GGX,"粗糙度"为10%,"亮度"为37%,"菲涅耳"为"绝缘体","预置"为"自定义","强度"为100%,"折射率(IOR)"为1.7。

第3章 车间流水线风格：手机加工厂

图3-99

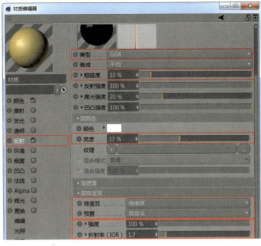

图3-100

3.2.2 米白色材质

创建空白材质，双击进入"材质编辑器"窗口，具体参数设置如图3-101和图3-102所示。

操作步骤

① 勾选"颜色"选项，设置"颜色"为（R:255,G:249,B:233），"亮度"为100%。

② 勾选"反射"选项，设置"类型"为GGX，"粗糙度"为10%，"亮度"为42%，"菲涅耳"为"绝缘体"，"预置"为"沥青"。

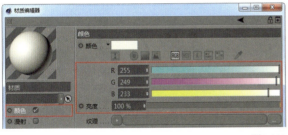

图3-101

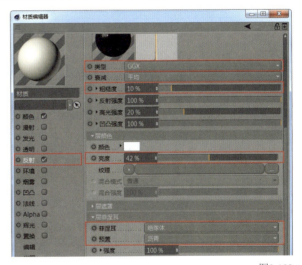

图3-102

3.2.3 玻璃材质

创建空白材质，双击进入"材质编辑器"窗口，具体参数设置如图3-103～图3-105所示。

操作步骤

① 勾选"颜色"选项，设置"颜色"为（R:255,G:255,B:255），"亮度"为100%。

② 勾选"透明"选项，设置"亮度"为100%，"折射率预设"为"玻璃"。

③ 勾选"反射"选项，设置"类型"为GGX，"菲涅耳"为"绝缘体"，"预置"为"玻璃"。

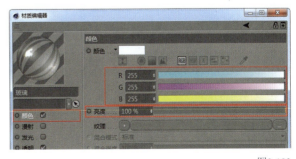

图3-103

119

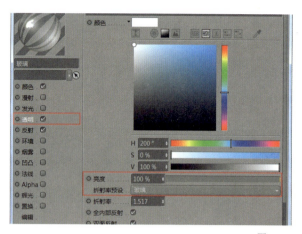

图3-104

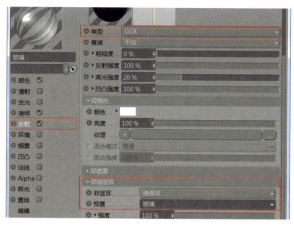

图3-105

3.2.4 条纹材质

01 创建空白材质,双击进入"材质编辑器"窗口,具体参数设置如图3-106和图3-107所示。

操作步骤

① 勾选"颜色"选项,设置"纹理"为"渐变","渐变"的黄色为(R:242,G:203,B:102)、白色为(R:255,G:255,B:255),"类型"为"二维-U",勾选"循环"选项。

② 勾选"反射"选项,设置"类型"为GGX,"亮度"为31%,"菲涅耳"为"绝缘体","预置"为"沥青","强度"为100%,"折射率(IOR)"为1.635。

02 将创建的材质赋予相应的模型,效果如图3-108所示。

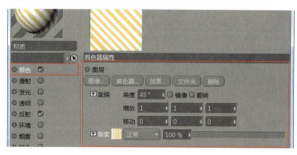

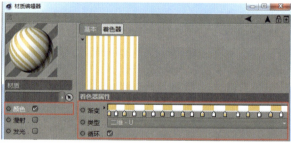

图3-106

图3-107

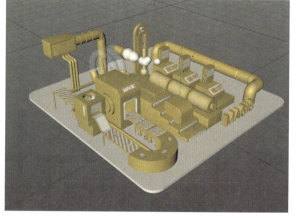

图3-108

3.3 添加灯光

灯光是表现三维效果时非常重要的一部分，下面通过添加灯光来完善手机加工厂场景的效果。

在当前场景中添加4盏区域灯光，分别放置在整个场景的前、后、左、右，其中一个主光源和3个辅助光源，如图3-109所示。

3.3.1 主光源

主光源的参数设置如图3-110所示。

操作步骤

① 在"常规"选项卡中设置"颜色"为白色，"强度"为100%，"类型"为"区域光"，"投影"为"区域"。

② 在"细节"选项卡中设置"衰减"为"平方倒数（物理精度）"，"半径衰减"为500cm。

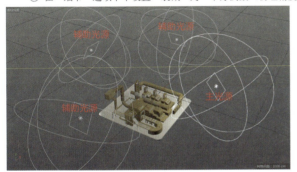

图3-109

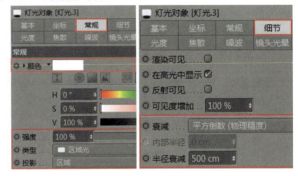

图3-110

3.3.2 辅助光源

辅助光源的参数设置如图3-111所示。

操作步骤

① 在"常规"选项卡中设置"颜色"为白色，"强度"为80%，"类型"为"区域光"，"投影"为"无"。

② 在"细节"选项卡中设置"衰减"为"平方倒数（物理精度）"，"半径衰减"为500cm。

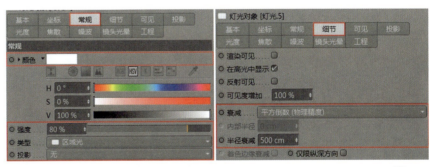

图3-111

3.4 设置环境

01 新建材质并创建天空，执行"窗口>内容浏览器"菜单命令，打开"内容浏览器"窗口，接着将预置材质"preset://Prime.lib4d/Presets/Light Setups/HDRI/tex/HDR013.hdr"拖曳到天空材质的"发光"通道中，如图3-112和图3-113所示。

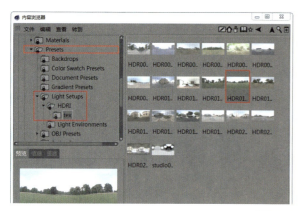

图3-112

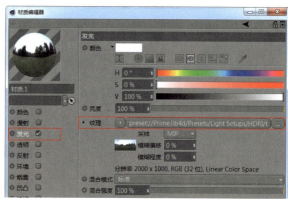

图3-113

02 拖曳天空材质赋予天空对象，按快捷键Ctrl+B打开"渲染设置"窗口，在"渲染设置"窗口中单击"效果"按钮，选择"全局光照"选项，如图3-114所示。

03 按快捷键Ctrl+R进行渲染，此时手机加工厂模型反射了天空环境贴图，如图3-115所示。打开Photoshop对作品进行简单的调色处理，最终效果如图3-116所示。

图3-114

图3-115

图3-116

4

第 章

低多边形风格：啤酒海报

本章讲解啤酒海报的制作，案例最终效果如图4-1所示。

图4-1

◎ 视频名称　低多边形风格：啤酒海报
◎ 实例位置　实例文件 >CH04> 低多边形风格：啤酒海报
◎ 学习目标　掌握低多边形风格模型的制作方法，以及酒瓶材质、植物类材质、云彩材质、太阳材质和金属材质的设置方法等

4.1 主体模型的制作

在制作案例之前，对模型进行分析和拆分，以便在制作过程中有明确的思路。本案例场景可以大概分为啤酒部分、树木部分、云彩部分和场地部分等，分别如图4-2～图4-5所示。拆解完成后逐一对其进行建模。

图4-2　　　　　　　　　　　　　　　　　　　　　　　　图4-3

124

图4-4　　　　　　　　　　　　　　　　　　　　　　　图4-5

4.1.1　啤酒部分模型的创建

01　在属性面板选择"模式>视图设置"选项,在"背景"选项卡中加载一张啤酒瓶的图片,如图4-6所示,选择"画笔"工具,沿啤酒瓶外轮廓进行勾勒,如图4-7所示。

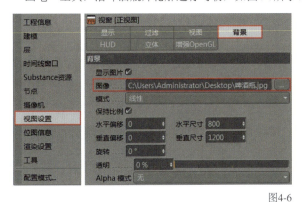
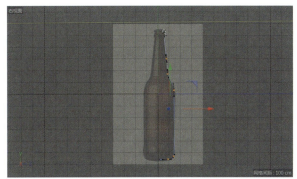

图4-6　　　　　　　　　　　　　　　　　　　　　　　图4-7

02　将勾勒好的样条线放置在"旋转"生成器下,得到啤酒瓶模型,如图4-8所示。

03　创建一个圆盘,如图4-9所示,将圆盘转换为可编辑对象,接着选中最外围的边框调整效果,如图4-10所示。

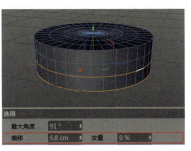
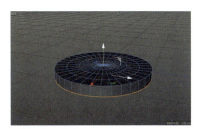

图4-8　　　　　　　　　　图4-9　　　　　　　　　　图4-10

04　选中圆盘外轮廓的边线,然后沿y轴向上"挤压"两次,如图4-11所示。

05　选中下边的面,单击鼠标右键,在弹出的菜单中选择"挤压"选项,如图4-12所示。

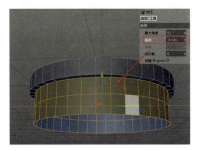

图4-11　　　　　　　　　　　　　　　　　　　　　　　图4-12

06 选中底部的面，对其进行挤压，如图4-13所示。

07 将选中的面沿y轴向下移动1cm左右，然后删除多余的面，如图4-14所示。

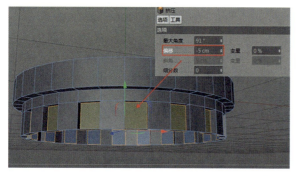
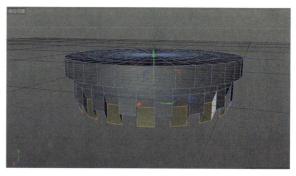

图4-13　　　　　　　　　　　　　　　　　　　　　　图4-14

08 选中圆盘最底部的分段线，然后将"尺寸"中Y的数值设置为0cm，即可将底部对齐到同一个水平面上，如图4-15所示。

09 对挤压好的圆盘使用"细分曲面"命令，完成瓶盖模型的制作，如图4-16所示。

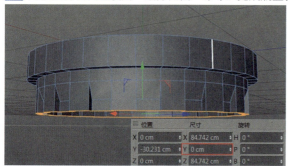
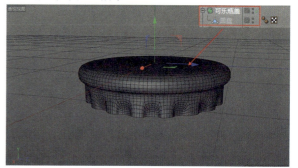

图4-15　　　　　　　　　　　　　　　　　　　　　　图4-16

10 再次打开啤酒瓶的图片，用"画笔"工具沿着啤酒瓶的外轮廓绘制样条线，接着对绘制好的样条线进行旋转，如图4-17所示。将旋转后得到的模型、啤酒瓶模型与瓶盖模型进行拼合，如图4-18所示。

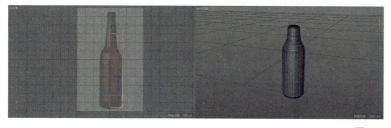

图4-17　　　　　　　　　　　　　　　　　　　　　　图4-18

11 用"画笔"工具绘制一条样条线和一个矩形样条线，如图4-19和图4-20所示，然后调整相关参数并对其进行扫描，如图4-21所示。

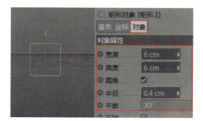

图4-19　　　　　　　　　　图4-20　　　　　　　　　　图4-21

12 绘制一个圆环样条线并调整尺寸,如图4-22所示,然后将其转换为可编辑对象后进行编辑,如图4-23所示。

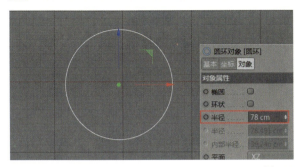

图4-22

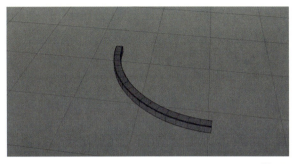

图4-23

13 将步骤11和步骤12创建的模型进行复制与组合,如图4-24所示。

14 绘制一条样条线和一个矩形样条线,调整参数,如图4-25和图4-26所示,接着将二者进行扫描,如图4-27所示。

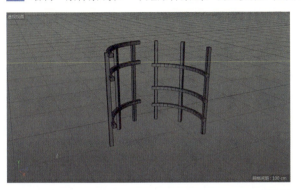

图4-24

图4-25

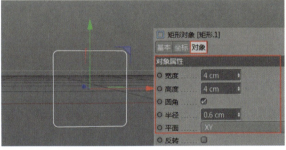

图4-26

图4-27

15 复制步骤14创建的模型,并将其放置在相应的位置,如图4-28所示。

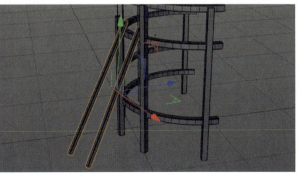

图4-28

16 绘制一条样条线和一个矩形样条线，调整参数，如图4-29和图4-30所示，接着将二者进行扫描，如图4-31所示。

17 复制扫描的立方体并进行组合，并放置在相应的位置，如图4-32所示。

图4-29

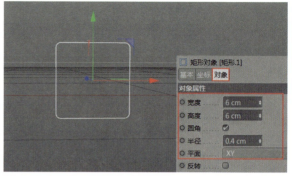
图4-30

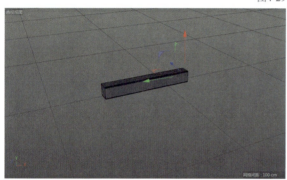
图4-31

图4-32

18 创建4个立方体，调整立方体的参数并进行组合，如图4-33所示。

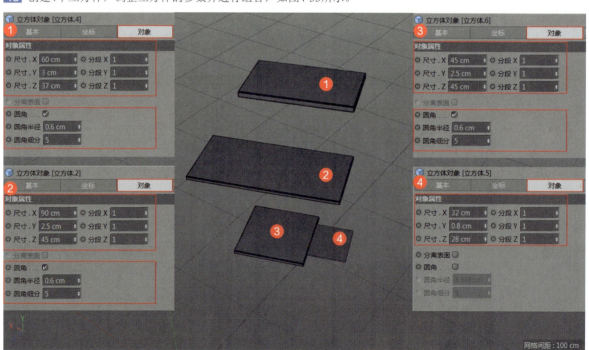
图4-33

19 创建一个立方体并调整参数,如图4-34所示,然后与中间的立方体进行布尔运算,如图4-35所示。

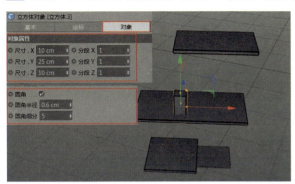
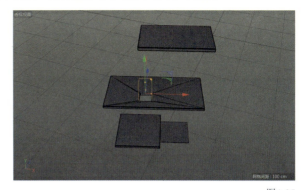

图4-34　　　　　　　　　　　　　　　　　　　　图4-35

20 绘制一条样条线并调整长度,然后绘制一个矩形样条线并调整参数,如图4-36和图4-37所示,将二者进行扫描,复制调整造型,如图4-38所示。

图4-36　　　　　　　　　　　图4-37　　　　　　　　　　　图4-38

21 绘制一条样条线并调整长度,然后绘制一个矩形样条线并调整参数,如图4-39和图4-40所示,将二者进行扫描,如图4-41所示。

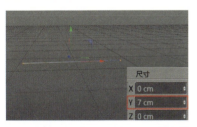

图4-39　　　　　　　　　　　图4-40　　　　　　　　　　　图4-41

22 对上一步创建的立方体进行复制,调整参数后进行组合,完成梯子模型的创建,如图4-42所示。

23 将创建好的梯子进行复制并组合,如图4-43所示。

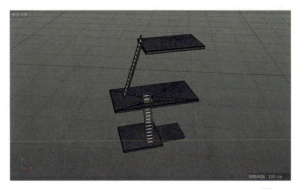

图4-42　　　　　　　　　　　　　　　　　　　　图4-43

24 绘制一条样条线并调整长度，然后绘制一个矩形样条线并调整参数，如图4-44和图4-45所示，接着将二者进行扫描，再复制并摆放到相应的位置，如图4-46所示。

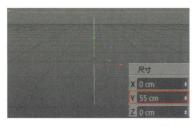
图4-44
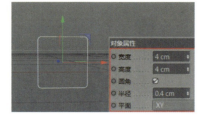
图4-45

图4-46

25 按照上一步的方法创建两个立方体，如图4-47所示。

26 继续用上述的方法创建立方体，如图4-48所示。

27 创建一个长为113cm的立方体，如图4-49所示。

图4-47
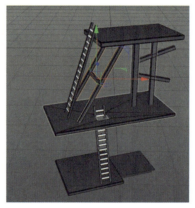
图4-48
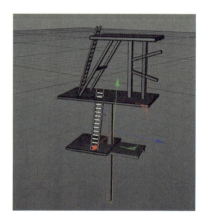
图4-49

28 绘制一条长49cm的样条线，然后用矩形进行扫描，如图4-50所示。

29 将创建好的两个模型进行组合，如图4-51所示。

30 将所有创建的模型进行编组并对称，台架模型创建完成，如图4-52所示。

图4-50

图4-51
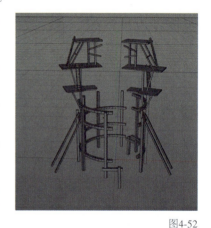
图4-52

31 将啤酒瓶模型与台架模型进行组合，如图4-53所示。

32 绘制一条长89cm的样条线，然后用矩形进行扫描并复制，如图4-54所示。

33 绘制一条长5cm的样条线，然后用矩形进行扫描并复制，如图4-55所示。

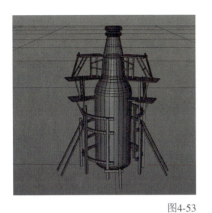 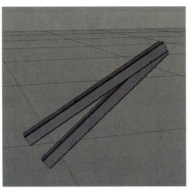 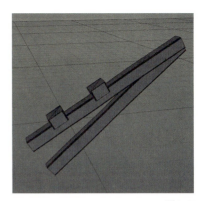

图4-53　　　　　　　　图4-54　　　　　　　　图4-55

34 绘制一条长16cm的样条线，然后绘制矩形进行扫描并复制，如图4-56所示。

35 将制作好模型进行组合，如图4-57所示。

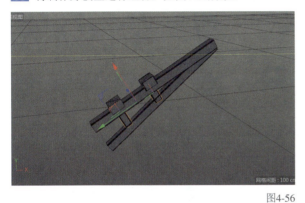 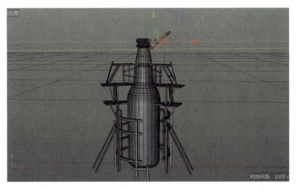

图4-56　　　　　　　　　　　　　　图4-57

36 创建一个管道并调整参数，如图4-58所示。

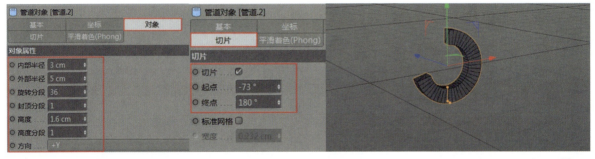

图4-58

37 创建圆柱体①和圆柱体②，修改两个圆柱体的参数，将其与上一步创建的模型进行组合，如图4-59所示。

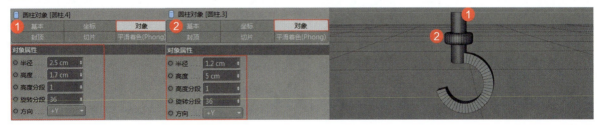

图4-59

38 创建一个圆筒并对其进行复制组合，如图4-60所示。

39 创建一条"宽度"为10cm，"高度"为25cm的矩形样条线，并对其进行编辑和倒角，如图4-61所示。

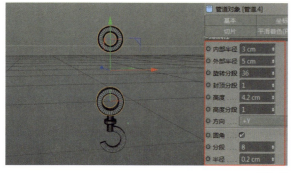
图4-60

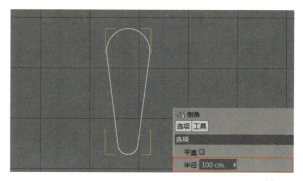
图4-61

40 创建一条"半径"为0.4cm的圆环样条线，将其与上一步创建的样条线进行扫描，组合到相应的位置，如图4-62所示。

41 绘制一条长36cm的样条线，然后绘制一个矩形样条线并将二者进行扫描，如图4-63所示。

42 绘制一条长24cm的样条线，然后绘制一个矩形样条线并将二者进行扫描，接着将其与上一步的模型进行组合，如图4-64所示。

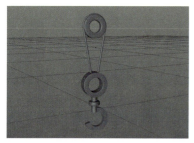
图4-62

图4-63

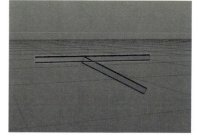
图4-64

43 将创建完的模型进行组合并摆放，如图4-65所示。

44 创建一个圆筒并调整参数，如图4-66所示。

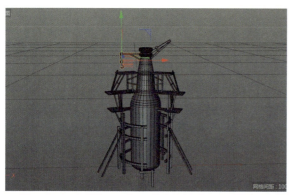
图4-65

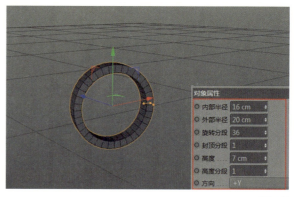
图4-66

45 创建一个立方体，调整参数，并对其进行复制，如图4-67和图4-68所示，然后与上一步创建的圆筒模型进行组合，如图4-69所示。

46 创建圆柱体①和圆柱体②，并将二者进行组合，如图4-70所示。

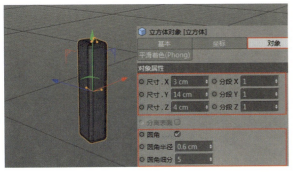
图4-67

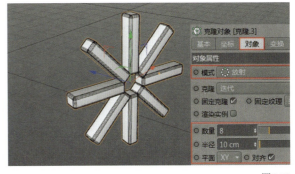
图4-68

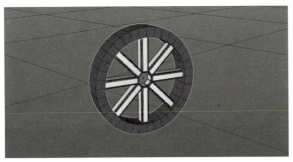
图4-69

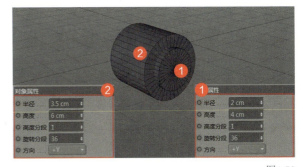
图4-70

47 将上述3个模型进行组合,如图4-71所示。

48 将步骤46中的圆柱体组合再进行复制,并将其与模型进行组合,如图4-72所示。

49 将创建好的模型进行复制和缩放,并将其与啤酒瓶模型进行组合,效果如图4-73所示。

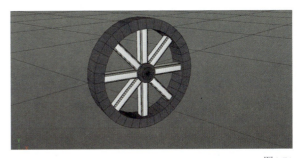
图4-71

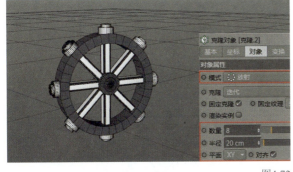
图4-72

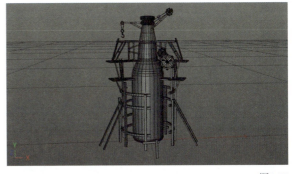
图4-73

4.1.2 树木与云彩模型的创建

01 创建圆锥并进行设置,如图4-74所示。

02 在圆锥的下方设置"减面"和"置换"变形器并进行相关设置,如图4-75所示。

图4-74

图4-75

03 将修改后的圆锥进行复制和组合,完成第1种树木模型的创建,如图4-76所示。

04 创建球体并设置相关参数,如图4-77所示。

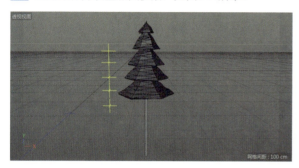

图4-76

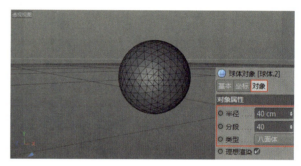

图4-77

05 在球体的下方设置"减面"和"置换"变形器并进行相关设置,如图4-78所示。

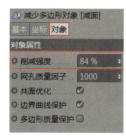 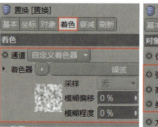 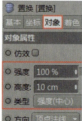 

图4-78

06 创建立方体并对其进行切割编辑,如图4-79所示。

07 将编辑好的球体和树干进行组合,完成第2种树木模型的创建,如图4-80所示。

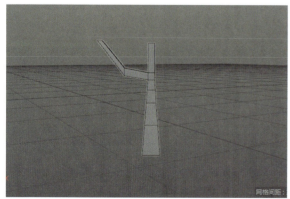

图4-79

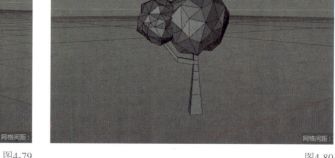

图4-80

08 新建一个球体,添加"置换"变形器并设置相关参数,如图4-81所示。

09 将置换后的球体进行组合,完成云模型的创建,如图4-82所示。

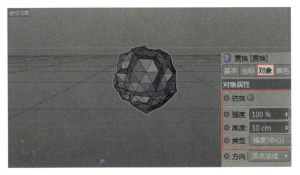

图4-81

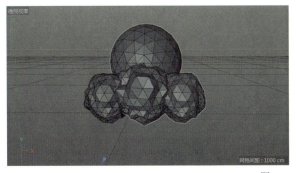

图4-82

4.1.3 场地模型的创建

01 创建一个立方体,添加"置换"变形器并设置参数,复制立方体,调整大小并叠放,作为场地模型,如图4-83所示。

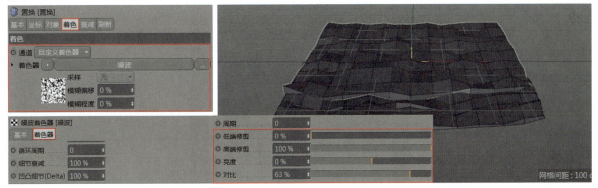

图4-83

02 导入前面创建的文字模型,然后将所有创建的模型组合在一起。至此,啤酒海报场景的模型全部创建完成,效果如图4-84所示。

图4-84

4.2 设置材质

本节为场景中的模型添加材质。

4.2.1 啤酒瓶玻璃材质

创建空白材质,双击进入"材质编辑器"窗口,具体参数设置如图4-85~图4-87所示。

操作步骤

① 勾选"透明"选项,设置"颜色"为(R:58,G:180,B:95),"亮度"为100%,"折射率预设"为"玻璃","折射率"为1.517。

② 勾选"反射"选项,设置"类型"为GGX,"菲涅耳"为"绝缘体","预置"为"玻璃","强度"为100%,"折射率(IOR)"为1.517。

③ 切换到"默认高光"选项卡,设置"类型"为"高光-Blinn(传统)","衰减"为"添加","宽度"为43%,"衰减"为-8%,"内部宽度"为0%,"高光强度"为97%,"凹凸强度"为100%。

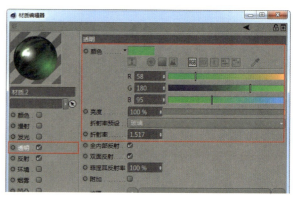

图4-85

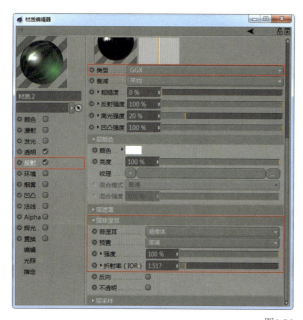

图4-86

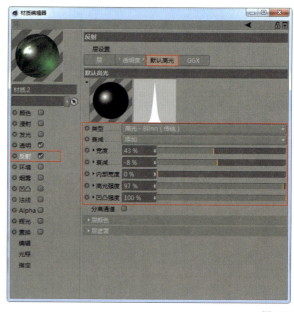

图4-87

4.2.2 啤酒瓶贴图材质

创建空白材质,双击进入"材质编辑器"窗口,具体参数设置如图4-88~图4-90所示。

操作步骤

① 勾选"颜色"选项,在"纹理"通道加载主瓶标图片,设置"亮度"为100%。

② 勾选"反射"选项,设置"类型"为GGX,"颜色"为白色,"亮度"为53%,"菲涅耳"为"绝缘体","预置"为"沥青","强度"为100%,"折射率(IOR)"为1.635。

③ 勾选Alpha选项,在"纹理"通道加载主瓶标图片。

图4-88

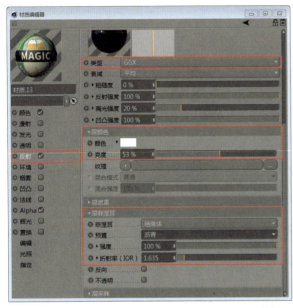

图4-89

图4-90

4.2.3 啤酒瓶盖材质

创建空白材质,双击进入"材质编辑器"窗口,具体参数设置如图4-91和图4-92所示。

操作步骤

① 勾选"颜色"选项,设置"颜色"为(R:4,G:117,B:52)。

② 勾选"反射"选项,设置"类型"为GGX,"粗糙度"为5%,"颜色"为白色,"亮度"为53%,"菲涅耳"为"绝缘体","预置"为"沥青","强度"为100%,"折射率(IOR)"为1.635。

图4-91

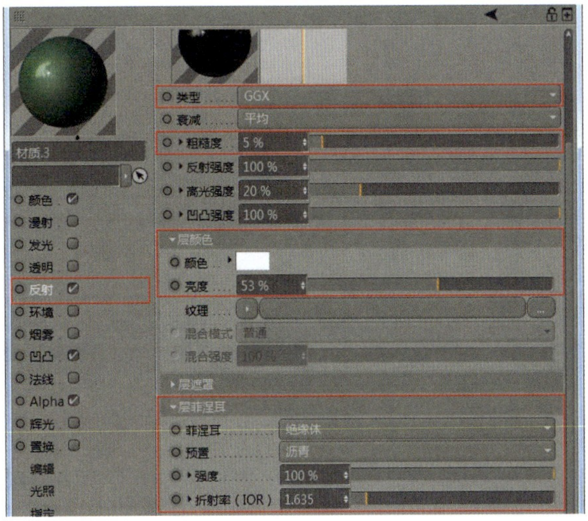

图4-92

4.2.4 啤酒瓶盖LOGO材质

创建空白材质，双击进入"材质编辑器"窗口，具体参数设置如图4-93～图4-95所示。

操作步骤

① 勾选"颜色"选项，在"纹理"通道加载瓶盖LOGO图片，设置"亮度"为100%。

② 勾选"反射"选项，设置"类型"为GGX，"粗糙度"为5%，"颜色"为白色，"亮度"为53%，"菲涅耳"为"绝缘体"，"预置"为"沥青"，"强度"为100%，"折射率（IOR）"为1.635。

③ 勾选Alpha选项，在"纹理"加载瓶盖LOGO图片。

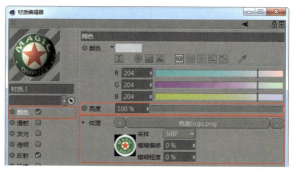

图4-93

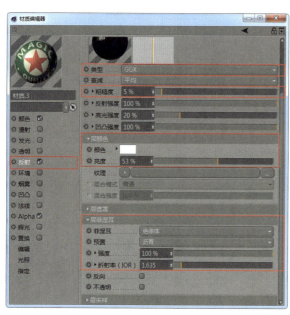

图4-94

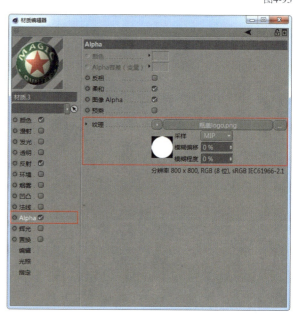

图4-95

4.2.5 叶子及树干材质

创建3个空白材质，双击进入"材质编辑器"窗口，具体参数设置如图4-96～图4-98所示。

操作步骤

① 勾选"颜色"选项，设置"颜色"为（R:46,G:150,B:96），"亮度"为100%。

② 勾选"颜色"选项，设置"颜色"为（R:134,G:159,B:44），"亮度"为100%。

③ 勾选"颜色"选项，设置"颜色"为（R:142,G:108,B:79），"亮度"为100%。

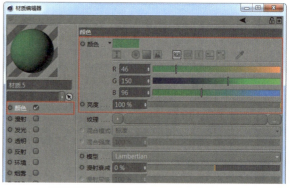

图4-96

图4-97

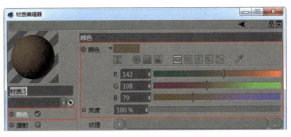
图4-98

4.2.6 云彩及太阳材质

创建两个空白材质,双击进入"材质编辑器"窗口,具体参数设置如图4-99～图4-101所示。

操作步骤

① 勾选"颜色"选项,设置"颜色"为(R:223,G:238,B:252),"亮度"为100%。

② 勾选"颜色"选项,设置"颜色"为(R:239,G:187,B:64),"亮度"为100%。

③ 勾选"反射"选项,设置"类型"为GGX,"亮度"为43%,"菲涅耳"为"绝缘体","预置"为"沥青","强度"为100%,"折射率(IOR)"为1.635。

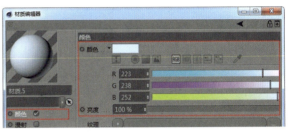
图4-99

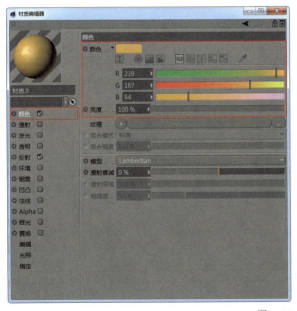
图4-100

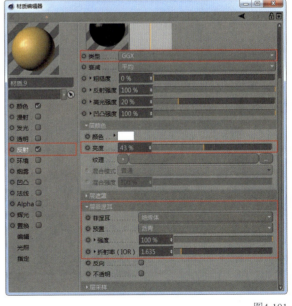
图4-101

4.2.7 草地、水和土地材质

创建3个空白材质,双击进入"材质编辑器"窗口,具体参数设置如图4-102～图4-105所示。

操作步骤

① 勾选"颜色"选项,设置"颜色"为(R:40,G:110,B:51),"亮度"为100%。

② 勾选"颜色"选项,设置"颜色"为(R:237,G:200,B:149),"亮度"为100%。

③ 勾选"颜色"选项,设置"颜色"为(R:84,G:201,B:233),"亮度"为100%。

④ 勾选"反射"选项,设置"类型"为GGX,"亮度"为55%,"菲涅耳"为"绝缘体","预置"为"沥青","强度"为100%,"折射率(IOR)"为1.635。

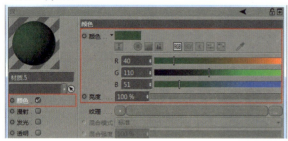

图4-102

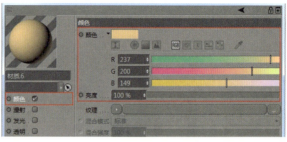

图4-103

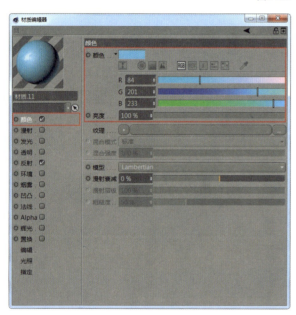

图4-104

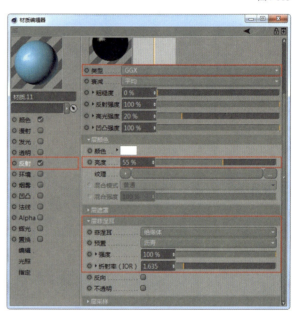

图4-105

4.2.8 金属材质

创建空白材质,双击进入"材质编辑器"窗口,勾选"反射"选项,设置"类型"为GGX,"粗糙度"为0%,"亮度"为100%,"菲涅耳"为"导体","预置"为"钢","强度"为100%,如图4-106所示。

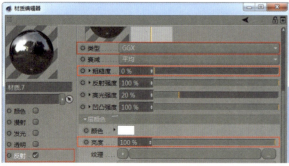

图4-106

4.2.9 文字材质

01 创建空白材质,双击进入"材质编辑器"窗口,具体参数设置如图4-107~图4-109所示。

操作步骤

① 勾选"颜色"选项,设置"颜色"为(R:217,G:217,B:217),"亮度"为100%。

② 勾选"颜色"选项,设置"颜色"为(R:242,G:68,B:68),"亮度"为100%。

③ 勾选"反射"选项,设置"类型"为GGX,"亮度"为55%,"菲涅耳"为"绝缘体","预置"为"沥青","强度"为100%,"折射率(IOR)"为1.635。

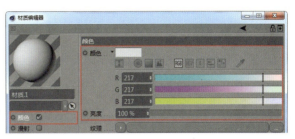

图4-107

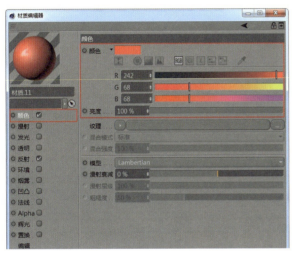

图4-108

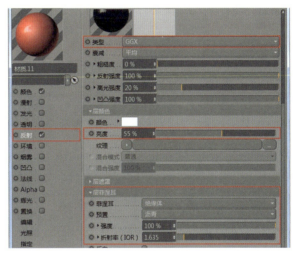

图4-109

02 将创建的材质赋予相应的模型,效果如图4-110所示。

图4-110

4.3 添加灯光

本节完善场景中的灯光，需要创建一盏主光源和两盏辅助光源，分别放置在整个场景前方和左右两边，位置如图4-111所示。

4.3.1 主光源

主光源的参数设置如图4-112所示。

操作步骤

① 在"常规"选项卡中设置"颜色"为白色，"强度"为80%，"类型"为"区域光"，"投影"为"光线跟踪（强烈）"。
② 在"细节"选项卡中设置"衰减"为"平方倒数（物理精度）"，"半径衰减"为500cm。

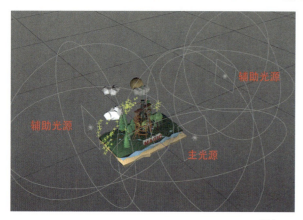

图4-111

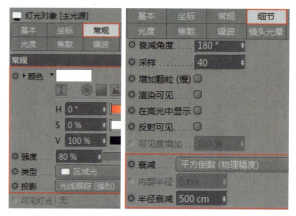

图4-112

4.3.2 辅助光源

辅助光源的参数设置如图4-113和图4-114所示。

操作步骤

① 在"常规"选项卡中设置"颜色"为白色，"强度"为80%，"类型"为"区域光"，"投影"为"无"。
② 在"细节"选项卡中设置"衰减"为"平方倒数（物理精度）"，"半径衰减"为500cm。

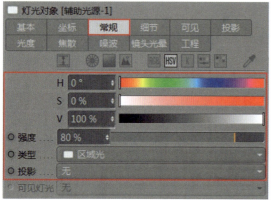

图4-113

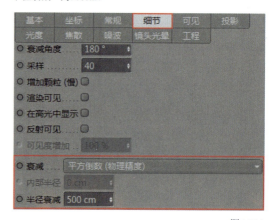

图4-114

4.4 设置环境

01 新建材质并创建天空对象,执行"窗口>内容浏览器"菜单命令,打开"内容浏览器"窗口,将预置材质"preset://Prime.lib4d/Presets/Light Setups/HDRI/tex/HDR013.hdr"直接拖曳到天空材质的"发光"通道中,如图4-115和图4-116所示。

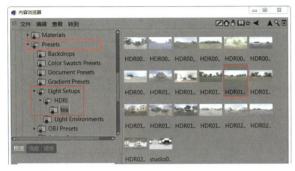

图4-115

02 拖曳天空材质赋予天空对象,按快捷键Ctrl+B打开"渲染设置"窗口,在"渲染设置"窗口中单击"效果"按钮,选择"全局光照"选项,如图4-117所示。

图4-116

图4-117

03 按快捷键Ctrl+R对模型及场景进行渲染,此时啤酒瓶反射了天空环境贴图,如图4-118所示。

图4-118

04 在Photoshop中打开渲染好的效果图对其进行简单的后期处理与版式设计，最终效果如图4-119所示。

图4-119

第  章

游乐场风格：派对乐园

本章讲解派对乐园场景的制作，案例最终效果如图5-1所示。

图5-1

◎ 视频名称　游乐场风格：派对乐园
◎ 实例位置　实例文件 >CH05> 游乐场风格：派对乐园
◎ 学习目标　掌握游乐场风格模型的制作方法

5.1 主体模型的制作

在制作之前，对模型进行分析和拆分，以便在制作过程中有明确的思路。本案例场景可以大概分为城堡，摩天轮，火车轨道及火车，礼物及树木，文字，以及其他背景元素等，分别如图5-2～图5-8所示。拆解完成后逐一对其进行建模。

图5-2

图5-4

图5-5

图5-6

图5-7

图5-8

5.1.1 城堡模型的创建

01 创建一个立方体并调整参数,如图5-9所示,然后对其进行内部挤压,如图5-10和图5-11所示。

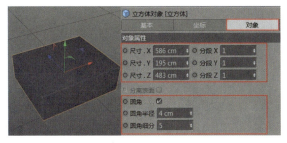 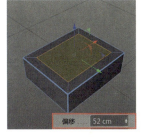 

图5-9　　　　　　　　　　　　图5-10　　　　　　　　　　图5-11

02 创建立方体,复制多个并将其进行组合,如图5-12和图5-13所示。

03 用"画笔"工具绘制一条样条线并对其进行旋转,如图5-14所示。

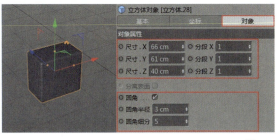 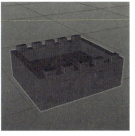 

图5-12　　　　　　　　　　　　图5-13　　　　　　　　　　图5-14

04 按照①~⑥的顺序创建几何体,并与上一步创建的模型进行组合,具体参数及效果如图5-15所示。

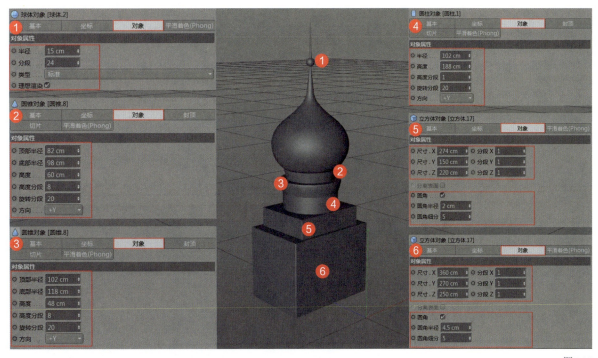

图5-15

05 创建立方体并将其与之前的模型进行组合,如图5-16所示。

06 将创建好的模型进行复制并组合,如图5-17所示。

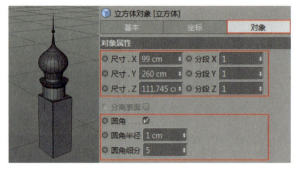

图5-16

图5-17

07 按照①~⑦的顺序创建圆锥体和圆柱体,然后将其进行组合,如图5-18所示。

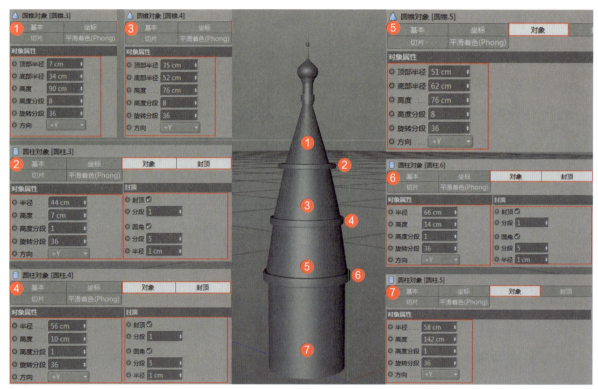

图5-18

08 将创建好的模型进行组合,并摆放到相应的位置,如图5-19所示。

09 创建立方体并调整参数,如图5-20所示。

10 创建一个立方体并复制多个,将其与上一步创建的立方体进行组合,如图5-21所示。

图5-19

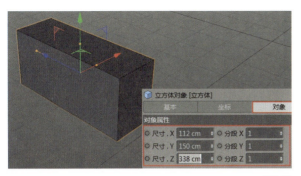
图5-20

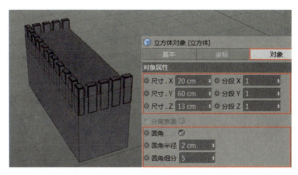
图5-21

11 将创建好的模型进行组合,城堡模型如图5-22所示。

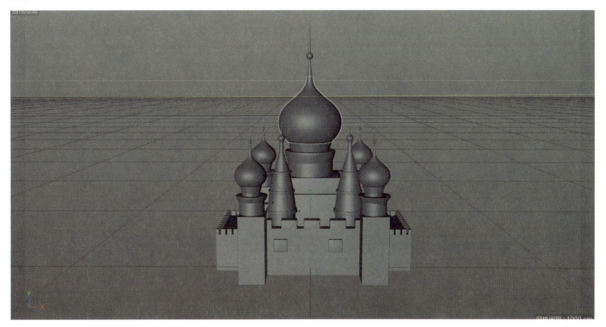
图5-22

5.1.2 摩天轮模型的创建

01 创建一个圆柱体,然后对其进行复制,如图5-23和图5-24所示。

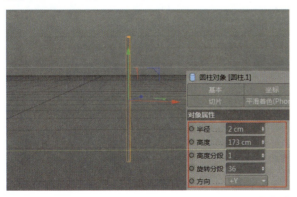
图5-23 图5-24

02 创建两个管道,调整参数并将其进行组合,如图5-25所示。

图5-25

03 创建两个圆柱体,调整参数并进行组合,如图5-26所示。

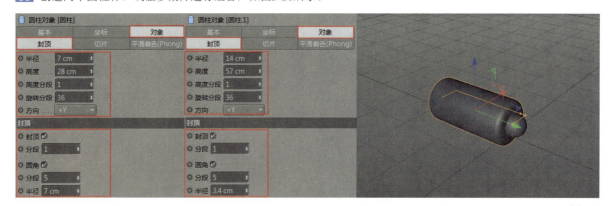

图5-26

04 绘制一条样条线,然后绘制一个"宽度"和"高度"为7cm,"半径"为0.9cm的圆角矩形,将二者进行扫描,并与上一步创建的模型进行组合,如图5-27和图5-28所示。

05 创建一个立方体并调整参数,将其与之前创建的模型进行组合,如图5-29所示。

  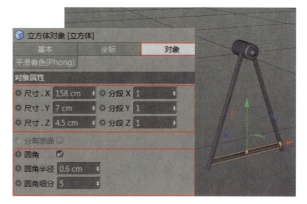

图5-27　　　　　　　　图5-28　　　　　　　　　　　　　图5-29

06 创建一个立方体,调整参数并为其添加"斜切"变形器,如图5-30和图5-31所示。

07 将上面创建的所有模型进行组合,如图5-32所示。

08 将组合后的模型进行对称,如图5-33所示。

图5-30

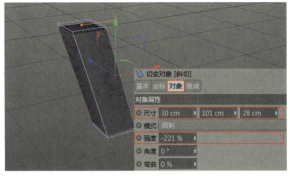

图5-31

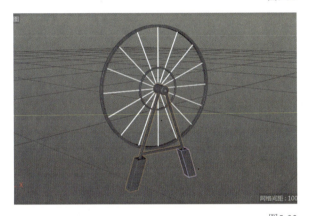

图5-32

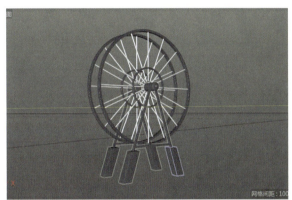

图5-33

09 创建圆柱体，将其复制组合，如图5-34所示。

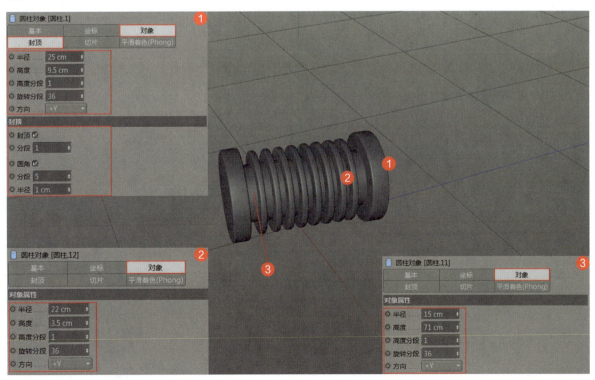

图5-34

10 将创建的模型进行组合,如图5-35所示。

11 创建两个圆柱体,进行组合作为底座,如图5-36所示。

图5-35　　　　　　　　　　　　　　　　　　　　　　　　　　　　　　　　图5-36

12 创建一个立方体,使用"循环/路径切割"工具添加分段线,并进行挤压,如图5-37和图5-38所示。

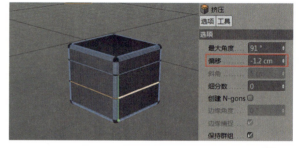

图5-37　　　　　　　　　　　　　　　　　　　　　　　　　　　　　　　　图5-38

13 创建管道模型并与上一步创建的模型进行组合,如图5-39所示,将前面创建的模型全部组合,摩天轮整体模型创建完成,如图5-40所示。

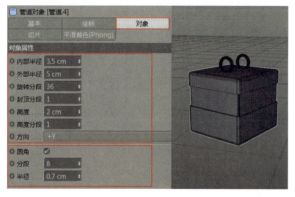

图5-39　　　　　　　　　　　　　　　　　　　　　　　　　　　　　　　　图5-40

5.1.3　火车轨道模型的创建

01 创建两个管道并调整大小和方向,使其为同心圆,如图5-41所示。

图5-41

02 用"圆环"工具在两个管道中间绘制圆形的样条线，如图5-42所示。

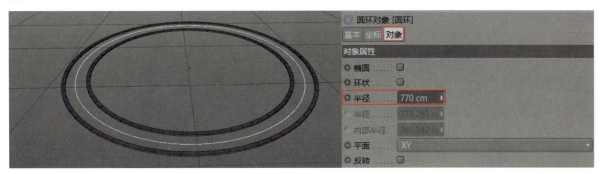

图5-42

03 根据两个管道之间的距离创建立方体，放置在合适的位置，并对其进行复制，如图5-43和图5-44所示。

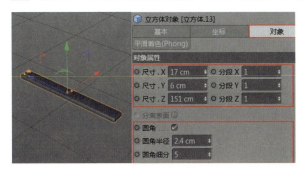

图5-43

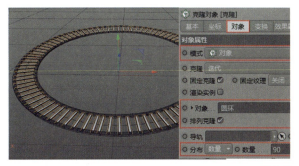

图5-44

04 创建立方体并进行组合，如图5-45所示，复制2个组合，并将其放置在相应的位置，如图5-46所示。至此，火车轨道模型创建完成。

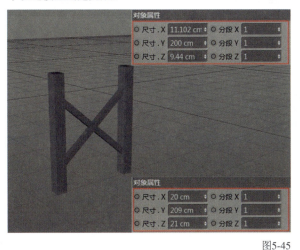

图5-45

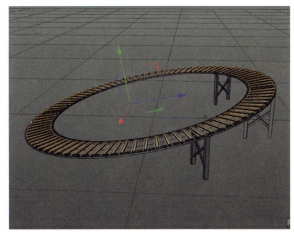

图5-46

5.1.4 火车模型的创建

01 创建圆柱体并组合为火车头模型，如图5-47所示。

02 绘制样条线并进行挤压，如图5-48和图5-49所示。

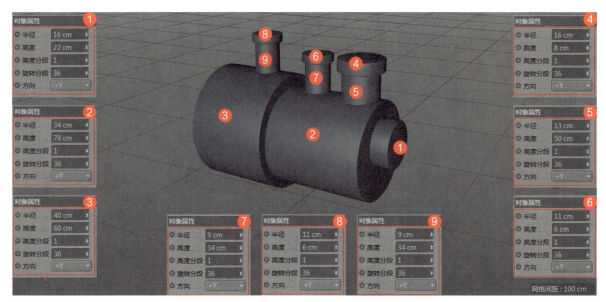

图5-47

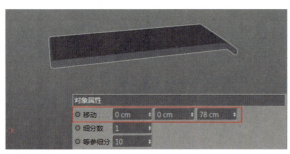

图5-48

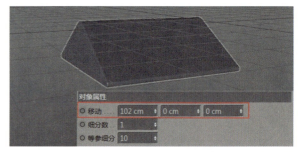

图5-49

03 创建两个立方体，并与火车头模型进行组合，如图5-50所示。

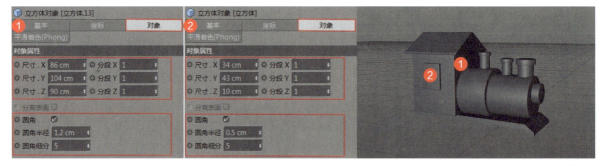

图5-50

04 创建一个立方体，对其进行编辑并复制，如图5-51和图5-52所示。

图5-51

图5-52

05 创建一个管道,与上一步的模型进行组合,如图5-53和图5-54所示。

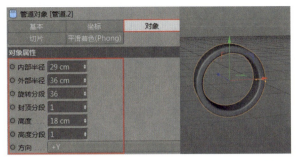

图5-53　　　　　　　　　　　　　　　　图5-54

06 创建圆柱体和立方体,放置到相应的位置,如图5-55～图5-57所示。

图5-55

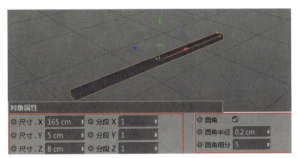

图5-56　　　　　　　　　　　　　　　　图5-57

07 创建立方体和圆柱体,调整参数,如图5-58和图5-59所示。

08 将上一步创建好的模型进行组合,放置到相应的位置,如图5-60所示。

图5-58

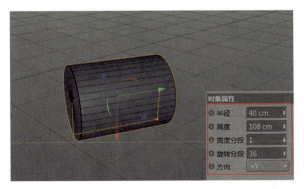
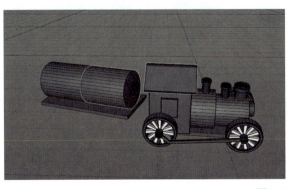

图5-59　　　　　　　　　　　　　　　　图5-60

09 创建多个立方体,调整参数并进行组合,如图5-61所示。

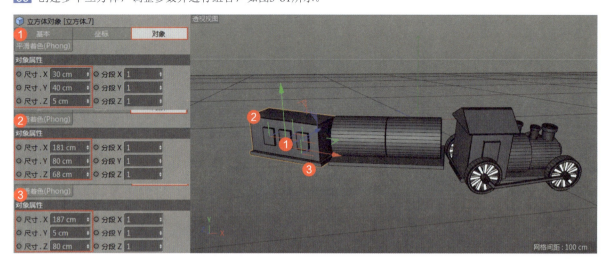

图5-61

10 绘制样条线,对其挤压后进行组合,如图5-62和图5-63所示。

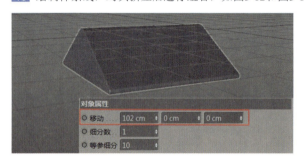

图5-62

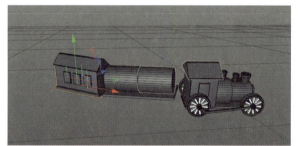

图5-63

11 复制车轮模型,进行组合,火车模型创建完成,如图5-64所示。

图5-64

5.1.5 礼物及树木模型的创建

01 创建立方体并调整参数,然后创建样条线并对其进行扫描,如图5-65~图5-68所示。

图5-65

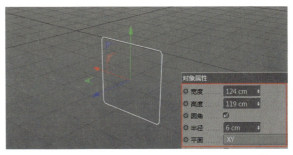

图5-66

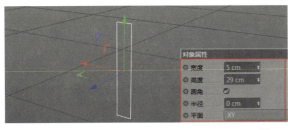

图5-67

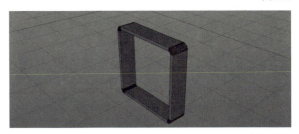

图5-68

02 将上一步创建的模型进行组合,得到礼物模型,如图5-69所示。

03 创建圆锥体和圆柱体并进行组合,得到树木模型,如图5-70所示。

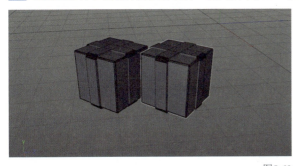

图5-69

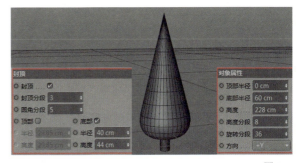

图5-70

5.1.6 文字模型的创建

01 使用"文本"工具输入"618PARTY",对其进行挤压,如图5-71和图5-72所示。

图5-71

图5-72

02 将挤压后的文字转换为可编辑对象,对其进行内部挤压,如图5-73所示。

03 用"画笔"工具沿着文字的轮廓进行绘制,然后创建一个"半径"为3.5cm的圆环,接着将二者进行扫描,如图5-74所示。

图5-73

图5-74

04 将步骤01和步骤03制作的文字模型进行组合,如图5-75所示。

05 绘制"半径"分别为430cm、336cm和235cm的多边形样条线,对其进行挤压并组合,如图5-76所示。

图5-75

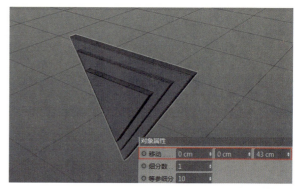

图5-76

06 创建圆柱体,复制后将其与中间的三角形进行布尔运算,如图5-77和图5-78所示。

07 将创建的模型进行组合,文字模型的组合效果如图5-79所示。

图5-77

图5-78

图5-79

5.1.7 其他的背景元素模型的创建

01 绘制一条样条线并放样,制作出舞台模型,舞台模型的大小可以根据场景进行缩放,如图5-80和图5-81所示。

图5-80　　　　　　　　　　　　　　　　　　　　　　　　　　　图5-81

02 创建一个平面增大分段数,然后将平面转换为可编辑对象,接着打开Sculpt(雕刻)面板,如图5-82所示。

03 在雕刻的工具中选择"抓取"工具,对平面进行抓取,制作山脉的凸起效果,如图5-83所示。抓取高度根据场景要求自行设置。

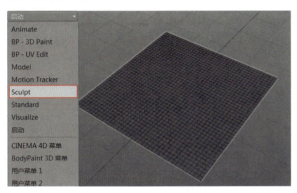
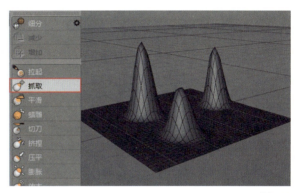

图5-82　　　　　　　　　　　　　　　　　　　　　　　　　　　图5-83

04 其他的装饰元素(没有固定的要求,读者可以随意添加),通过绘制样条线并对其进行挤压制作模型,如图5-84和图5-85所示。

05 将创建的所有模型进行组合,派对乐园场景模型最终效果如图5-86所示。

图5-84

图5-85

图5-86

5.2 设置材质

本节为场景中的模型创建材质,本案例需要创建城堡、摩天轮和火车等的材质。

5.2.1 城堡材质

创建两个空白材质,双击进入"材质编辑器"窗口,调整材质参数,如图5-87~图5-90所示。

操作步骤

① 勾选"颜色"选项,设置"颜色"为(R:255,G:85,B:196),"亮度"为100%。

② 勾选"反射"选项,设置"类型"为GGX,"亮度"为57%,"菲涅耳"为"绝缘体","预置"为"沥青","强度"为100%,"折射率(IOR)"为1.635。

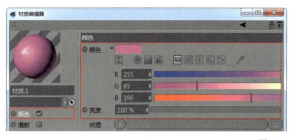

图5-87

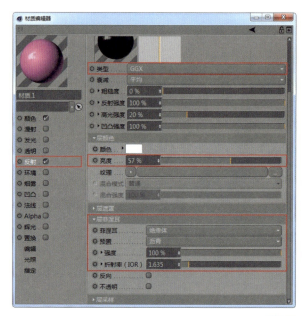

图5-88

③ 勾选"颜色"选项,设置"颜色"为(R:199,G:150,B:255),"亮度"为100%。

④ 勾选"反射"选项,设置"类型"为GGX,"亮度"为44%,"菲涅耳"为"绝缘体","预置"为"沥青","强度"为100%,"折射率(IOR)"为1.635。

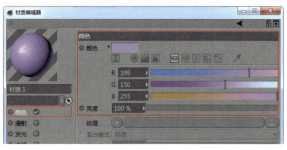

图5-89

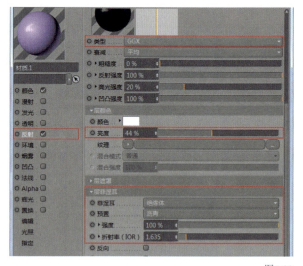

图5-90

5.2.2 摩天轮材质

创建3个空白材质,双击进入"材质编辑器"窗口,调整材质参数,如图5-91~图5-94所示。

操作步骤

① 勾选"颜色"选项,设置"颜色"为(R:199,G:150,B:255),"亮度"为100%。

② 勾选"反射"选项,设置"类型"为GGX,"亮度"为44%,"菲涅耳"为"绝缘体","预置"为"沥青","强度"为100%,"折射率(IOR)"为1.635。

③ 勾选"颜色"选项,设置"颜色"为(R:95,G:46,B:151),"亮度"为100%。

④ 勾选"颜色"选项,设置"颜色"为(R:69,G:208,B:255),"亮度"为100%。

图5-91

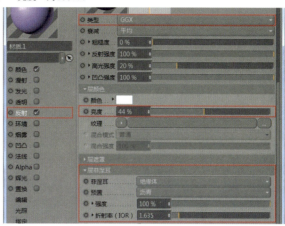

图5-92

图5-93

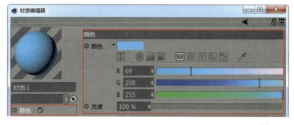

图5-94

5.2.3 火车和轨道材质

创建4个空白材质,双击进入"材质编辑器"窗口,调整材质参数,如图5-95~图5-100所示。

图5-95

操作步骤

① 勾选"颜色"选项,设置"颜色"为(R:255,G:85,B:196),"亮度"为100%。

② 勾选"反射"选项,设置"类型"为GGX,"亮度"为57%,"菲涅耳"为"绝缘体","预置"为"沥青","强度"为100%,"折射率(IOR)"为1.635。

③ 勾选"颜色"选项,设置"颜色"为(R:199,G:150,B:255),"亮度"为100%。

④ 勾选"反射"选项,设置"类型"为GGX,"亮度"为44%,"菲涅耳"为"绝缘体","预置"为"沥青","强度"为100%,"折射率(IOR)"为1.635。

⑤ 勾选"颜色"选项,设置"颜色"为(R:95,G:46,B:151),"亮度"为100%。

⑥ 勾选"颜色"选项,设置"颜色"为(R:255,G:255,B:255),"亮度"为100%。

图5-96

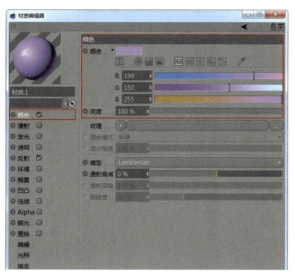

图5-97

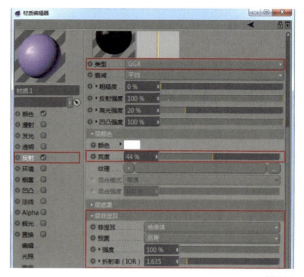

图5-98

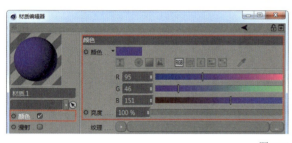

图5-99

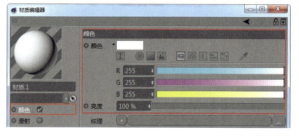

图5-100

5.2.4 树木和礼盒材质

创建3个空白材质,双击进入"材质编辑器"窗口,调整材质参数,如图5-101～图5-103所示。

操作步骤

① 勾选"颜色"选项,设置"颜色"为(R:69,G:208, B:255),"亮度"为100%。

② 勾选"颜色"选项,设置"颜色"为(R:255,G:85, B:196),"亮度"为100%。

③ 勾选"颜色"选项,设置"颜色"为(R:255,G:255, B:255),"亮度"为100%。

图5-101

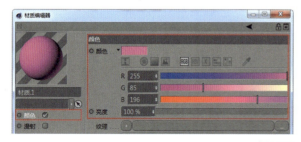

图5-102

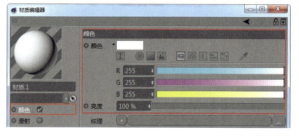

图5-103

5.2.5 文字材质

创建4个空白材质,双击进入"材质编辑器"窗口,调整材质参数,如图5-104~图5-108所示。

操作步骤

① 勾选"发光"选项,设置"颜色"为(R:60,G:237,B:237),"亮度"为120%。

② 勾选"反射"选项,设置"类型"为GGX,"亮度"为100%,"菲涅耳"为"绝缘体","预置"为"沥青","强度"为100%,"折射率(IOR)"为1.635。

③ 勾选"颜色"选项,设置"颜色"为(R:95,G:46,B:151),"亮度"为100%。

④ 勾选"颜色"选项,设置"颜色"为(R:255,G:255,B:255),"亮度"为100%。

⑤ 勾选"颜色"选项,设置"颜色"为(R:69,G:208,B:255),"亮度"为100%。

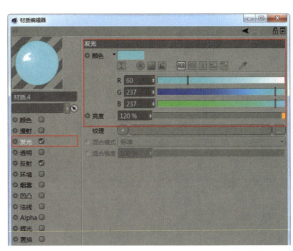

图5-104

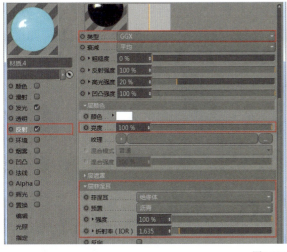

图5-105

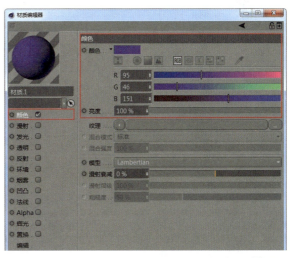

图5-106

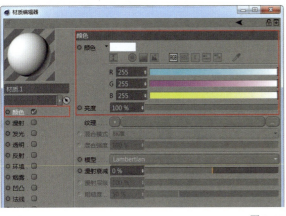

图5-107

5.2.6 背景组合材质

01 创建4个空白材质,双击进入"材质编辑器"窗口,调整材质参数,如图5-109~图5-112所示。

① 勾选"颜色"选项,设置"颜色"为(R:69,G:208,B:255),"亮度"为100%。
② 勾选"颜色"选项,设置"颜色"为(R:255,G:85,B:196),"亮度"为100%。
③ 勾选"颜色"选项,设置"颜色"为(R:255,G:255,B:255),"亮度"为100%。
④ 勾选"颜色"选项,设置"颜色"为(R:95,G:46,B:151),"亮度"为100%。

图5-109

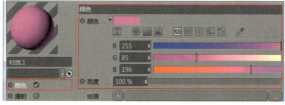
图5-110

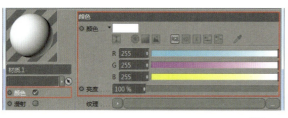
图5-111

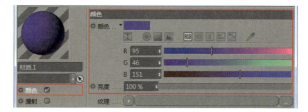
图5-112

02 将创建的材质赋予相应的模型,效果如图5-113所示。

图5-113

5.3 添加灯光

本节为场景中的模型添加灯光,本案例需要创建一盏主光源和两盏辅助光源,分别放置在整个场景前方和两侧,位置如图5-114所示。

5.3.1 主光源

主光源的参数设置如图5-115所示。

操作步骤

① 在"常规"选项卡中设置"颜色"为白色,"强度"为100%,"类型"为"区域光","投影"为"区域"。

② 在"细节"选项卡中设置"衰减"为"平方倒数(物理精度)","半径衰减"为1345cm。

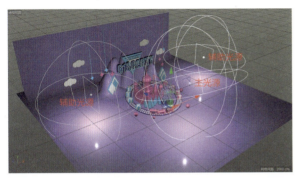

图5-114

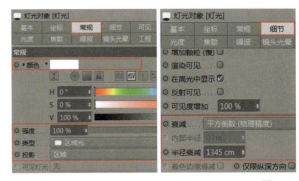

图5-115

5.3.2 辅助光源

两盏辅助光源的参数设置如图5-116所示。

操作步骤

① 在"常规"选项卡中设置"颜色"为白色,"强度"为80%,"类型"为"区域光","投影"为"无"。

② 在"细节"选项卡中设置"衰减"为"平方倒数(物理精度)","半径衰减"为1345cm。

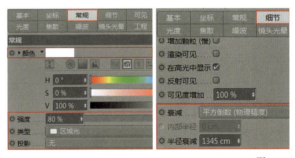

图5-116

5.4 设置环境

01 新建一个材质并创建一个天空对象,执行"窗口>内容浏览器"菜单命令,打开"内容浏览器"窗口,将预置材质"preset://Prime.lib4d/Presets/Light Setups/HDRI/tex/HDR018.hdr"直接拖曳到天空材质的"发光"通道中,如图5-117和图5-118所示。

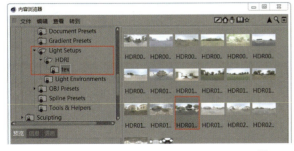

图5-117

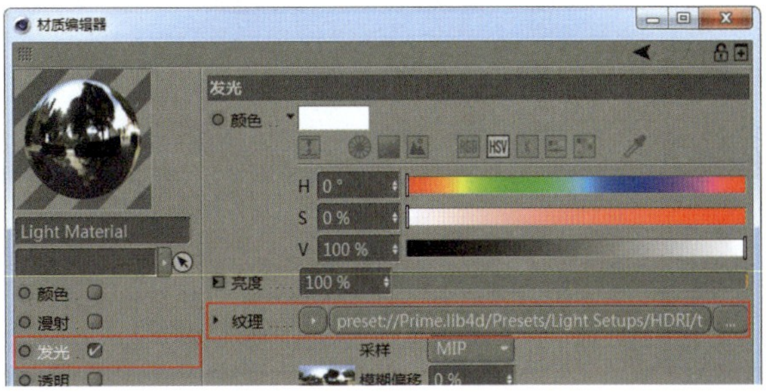

图5-118

02 拖曳天空材质赋予天空对象，然后按快捷键Ctrl+B打开"渲染设置"窗口，在"渲染设置"窗口中单击"效果"按钮，选择"全局光照"选项，如图5-119所示。

03 按快捷键Ctrl+R进行渲染，场景反射了天空环境贴图，如图5-120所示。这时会发现渲染出来的效果并不是特别的理想，虽然整体效果已经渲染出来了，但整体场景过暗，细节需要优化。

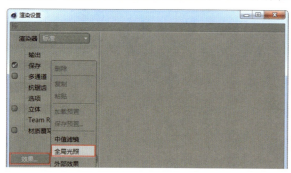

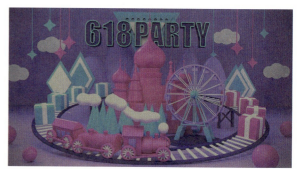

图5-119　　　　　　　　　　　　　　　　　　　　　图5-120

04 选择几何工具组中的"平面"工具创建多个平面，作为反光板放置在场景中，位置如图5-121所示。

05 渲染并观察效果，如图5-122所示。将效果图导入Photoshop中，进行简单的处理，最终效果如图5-123所示。

图5-121　　　　　　　　　　　　　　　　　　　　　图5-122

图5-123

第 6 章

机械科幻风格：食品包装海报

本章讲解食品包装海报的制作，案例最终效果如图6-1所示。

图6-1

◎ 视频名称　机械科幻风格：食品包装海报
◎ 实例位置　实例文件 >CH06> 机械科幻风格：食品包装海报
◎ 学习目标　掌握机械科幻风格模型的制作方法及机械类材质的设置方法

6.1 主体模型的制作

在制作之前，对模型进行分析和拆分，以便在制作过程中有明确的思路。本案例场景可以大概分为食品主体区、背景区、文字牌匾区和其他区（齿轮+电视+机械爪）等，分别如图6-2～图6-5所示。拆解完成后逐一对其进行建模。

图6-2　　　　　　　　　　　　　　　　　　　　图6-3

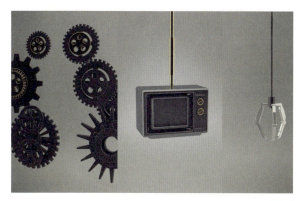

图6-4　　　　　　　　　　　　　　　　　　　　　　　　　图6-5

6.1.1 食品主体区模型的创建

`01` 选择曲线建模工具组中的"贝塞尔"工具，创建一个贝塞尔平面，接着设置其参数并拖曳中间点，如图6-6所示。

`02` 将编辑好的贝塞尔平面进行复制，放置在另一侧，如图6-7所示。

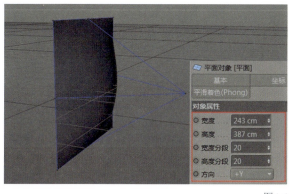
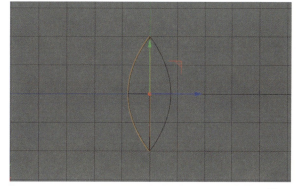

图6-6　　　　　　　　　　　　　　　　　　　　　　　　　图6-7

`03` 选中两个贝塞尔平面并转换为可编辑的对象，然后单击鼠标右键，在弹出的菜单中选择"连接对象+删除"选项，如图6-8所示。

`04` 选中几何体上所有的点，单击鼠标右键，在弹出的菜单中选择"优化"选项，如图6-9所示。

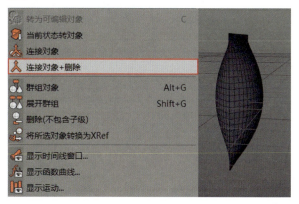
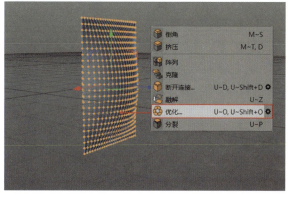

图6-8　　　　　　　　　　　　　　　　　　　　　　　　　图6-9

05 单击鼠标右键,在弹出的菜单中选择"循环/路径切割"选项,对模型的顶部与底部进行循环切割,如图6-10所示。

06 选择"面"工具,选择上一步切割的面进行挤压,如图6-11所示,食品包装袋的封口模型制作完成。

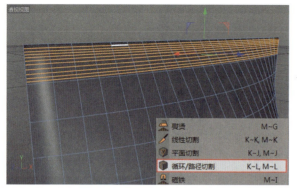
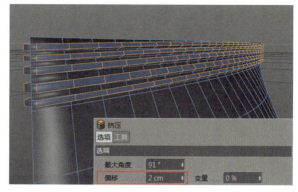

图6-10　　　　　　　　　　　　　　　　图6-11

07 切换到正视图,单击鼠标右键,在弹出的菜单中选择"笔刷"工具,对食品包装袋的外形进行编辑,如图6-12所示。

08 对编辑好的食品包装袋使用"细分曲面"命令,完成食品包装袋模型的制作,如图6-13所示。

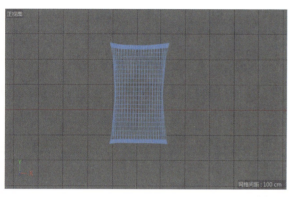
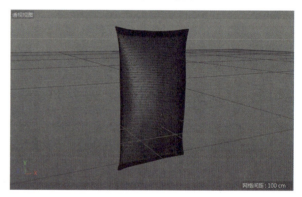

图6-12　　　　　　　　　　　　　　　　图6-13

09 创建两个圆柱体并进行组合,如图6-14所示。

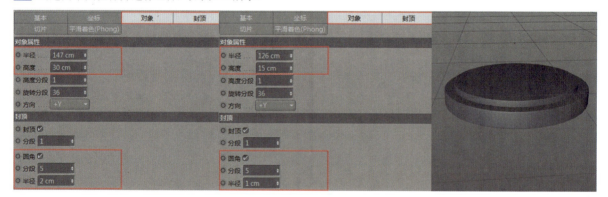

图6-14

10 创建一个"半径"为106cm的圆形样条线,将其转换为可编辑样条,接着选中一个点并单击鼠标右键,在弹出的菜单中选择"断开连接"选项,效果如图6-15所示。

11 创建一个"宽度"为8cm,"高度"为40cm,"半径"为2cm的矩形样条线,调整其参数并将其与上一步的圆形样条线进行扫描,如图6-16所示。

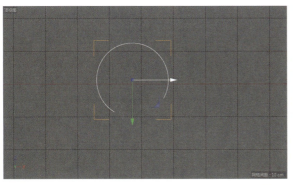

图6-15

图6-16

12 创建一个"宽度"和"高度"都为7cm,"半径"为2cm的矩形样条线,然后将其与步骤10创建的圆形样条线进行扫描,如图6-17所示。

13 将创建的模型进行组合,如图6-18所示。至此,食品主体区模型创建完成。

图6-17

图6-18

6.1.2 背景区建模

01 创建平面和圆柱体,参数设置及效果如图6-19所示,然后将二者组合并进行布尔运算,效果如图6-20所示。

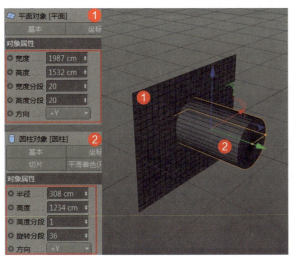

图6-19

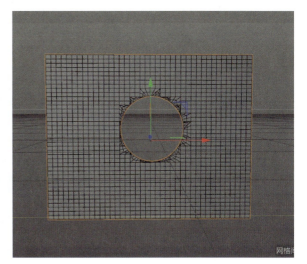

图6-20

02 创建一个立方体，然后调整尺寸，如图6-21所示，接着进行复制，如图6-22所示。

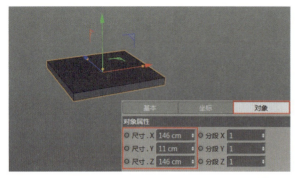

图6-21

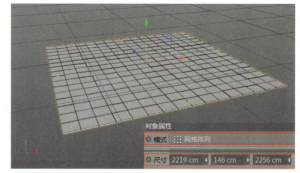

图6-22

03 将复制的立方体与布尔运算后的平面进行组合，如图6-23所示。

04 将布尔运算后的平面复制3份，并依次进行排列组合，如图6-24所示，完成背景的舞台部分的搭建。

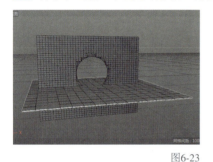

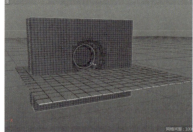

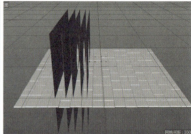

图6-23　　　　　　　　　　　　　　　　　　　　　　　　图6-24

05 按照①～④的顺序依次创建立方体并进行组合，如图6-25所示。

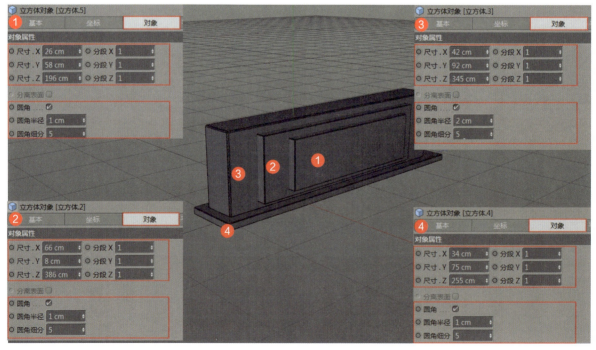

图6-25

06 用"画笔"工具绘制样条线，如图6-26所示，然后对其进行挤压，如图6-27所示。

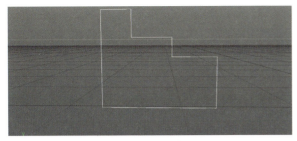
图6-26

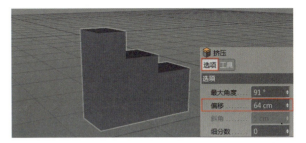
图6-27

07 选中上一步创建模型的面，对其进行内部挤压，如图6-28所示。

08 复制上一步挤压后的模型，放置在舞台相应的位置，如图6-29所示。

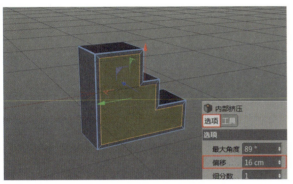
图6-28

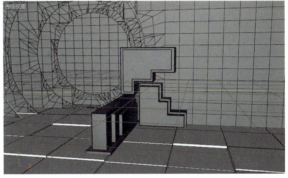
图6-29

09 按照①～③的顺序依次创建立方体，如图6-30所示，复制并与舞台进行组合，如图6-31所示。

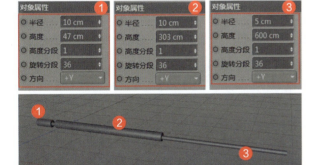
图6-30

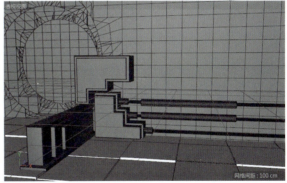
图6-31

10 绘制两个样条线，如图6-32和图6-33所示，然后进行扫描，如图6-34所示。

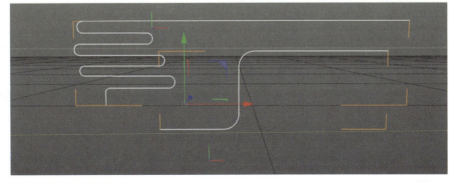
图6-32

173

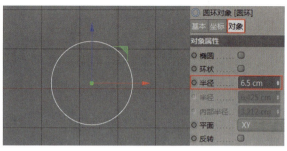

图6-33

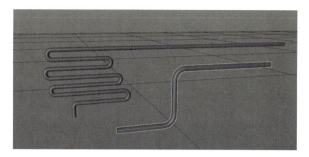

图6-34

[11] 将扫描后的样条线放置在舞台相应的位置，并与圆柱体进行组合，如图6-35所示。

[12] 绘制一条样条线和一个圆形样条线，如图6-36和图6-37所示，然后进行扫描，如图6-38所示。

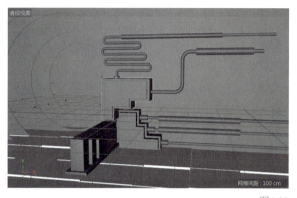

图6-35

图6-36

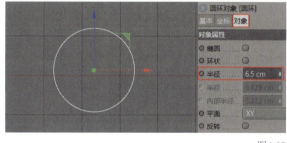

图6-37

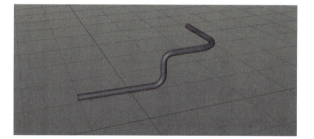

图6-38

[13] 将扫描后的样条线进行复制组合，如图6-39所示。

[14] 继续绘制样条线并对其进行旋转，如图6-40和图6-41所示，然后拼合到场景中，如图6-42所示。

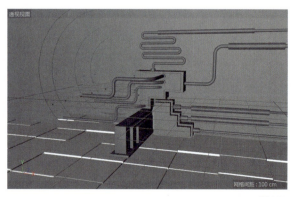

图6-39

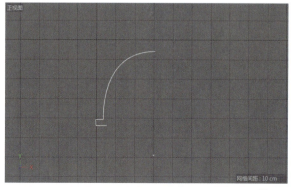

图6-40

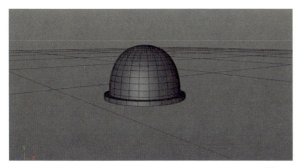
图6-41

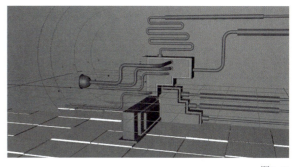
图6-42

15 将前面创建的所有模型组合进行编组,然后使用"对称"命令进行对称操作,如图6-43所示。

16 绘制样条线,然后绘制一个"半径"为6.5cm的圆形样条线,接着进行扫描,如图6-44和图6-45所示。再将扫描后的模型与舞台场景组合,如图6-46所示。

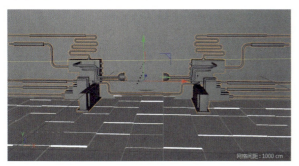
图6-43

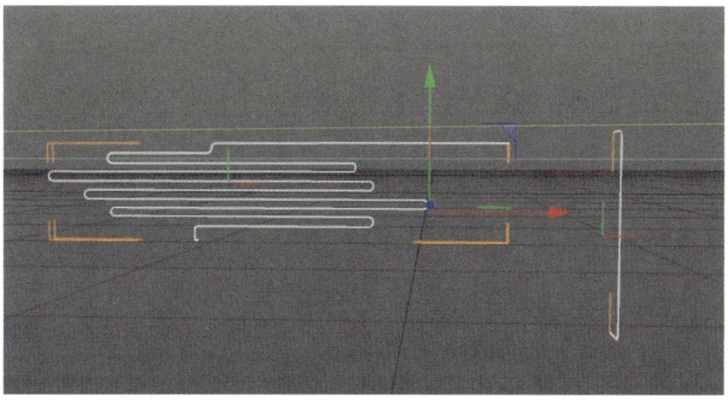

图6-44

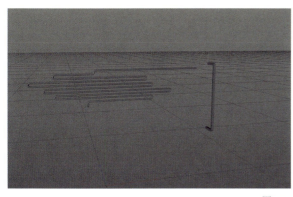
图6-45

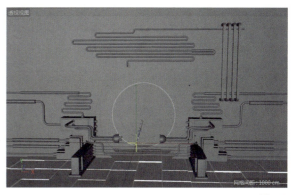
图6-46

17 绘制样条并进行"样条布尔"运算,然后进行挤压,如图6-47和图6-48所示。接着将其与舞台场景进行组合,如图6-49所示。

图6-47

图6-48

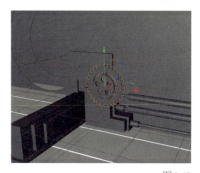
图6-49

18 创建两个立方体并将其合并,如图6-50所示。然后对立方体进行内部挤压和挤压,如图6-51和图6-52所示。

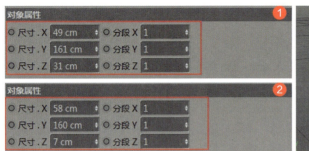
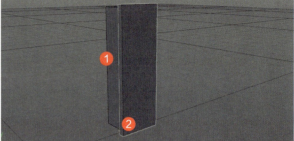

图6-50

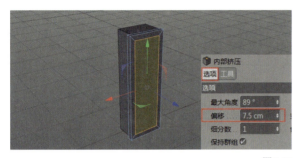

图6-51

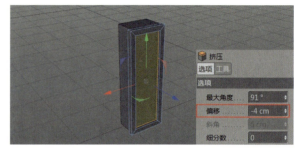

图6-52

19 创建一个圆柱体,然后复制4个,如图6-53所示。接着将复制好的圆柱体组合并与上一步创建的模型进行拼合,如图6-54所示。

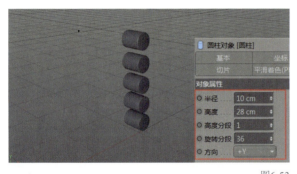

图6-53

图6-54

20 按照①~③的顺序依次创建3个圆柱体,如图6-55所示。

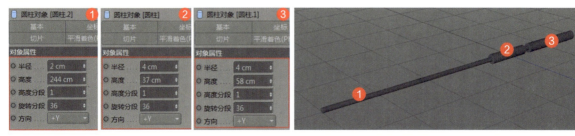

图6-55

21 将创建好的模型进行复制组合,如图6-56所示。

22 将前面创建的模型进行组合,完成背景区模型的建模,如图6-57所示。

第6章 机械科幻风格：食品包装海报

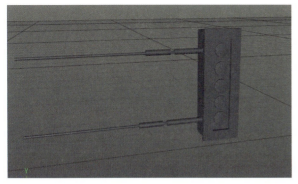

图6-56

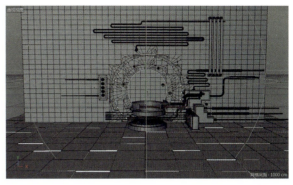

图6-57

6.1.3 文字牌匾区建模

01 创建两个圆柱体，调整参数并复制多个，对其进行组合，如图6-58所示。

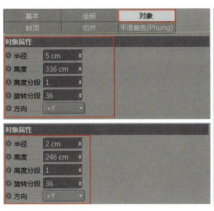

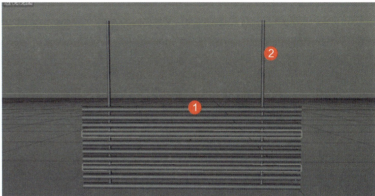

图6-58

02 用"画笔"工具绘制文字，如图6-59所示，然后将绘制好的文字与"半径"为2.2cm的"圆环"进行扫描，接着与上一步创建的模型进行组合，如图6-60所示。至此，文字牌匾区的建模完成。

图6-59

图6-60

6.1.4 其他区建模

01 结合"样条布尔"工具和样条线工具组中的工具，绘制各式各样的齿轮轮廓，然后对齿轮样条线进行挤压并组合，如图6-61所示。

02 将挤压后的齿轮进行组合，并放置在舞台的相应的位置，如图6-62所示。

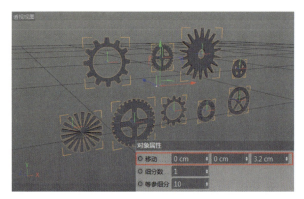

图6-61　　　　　　　　　　　　　　　　　　　　图6-62

03 选择"画笔"工具绘制机械爪的样条线，然后对其进行挤压，如图6-63和图6-64所示。

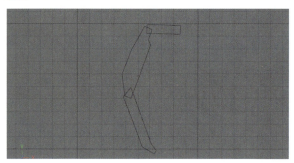

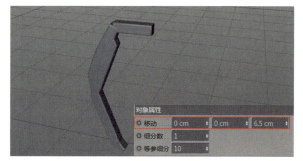

图6-63　　　　　　　　　　　　　　　　　　　　图6-64

04 创建一个"半径"为4.5cm，"高度"为10cm，"旋转分段"为36的圆柱体，然后将其与上一步创建的模型进行组合，如图6-65所示。

05 将创建好的模型进行复制，如图6-66所示。

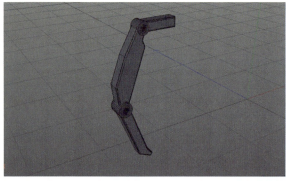

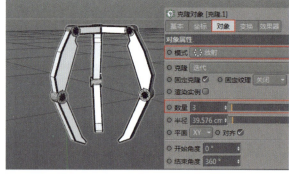

图6-65　　　　　　　　　　　　　　　　　　　　图6-66

06 创建两个圆柱体，与机械爪模型进行组合，如图6-67所示。

图6-67

07 创建一个立方体，将其转换为可编辑对象，使用"循环/路径切割"工具增加布线，如图6-68所示。

08 选择面对其进行内部挤压和挤压，如图6-69和图6-70所示。

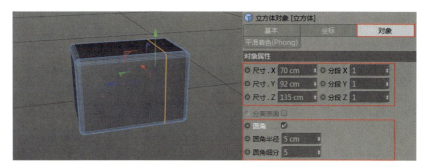

图6-68

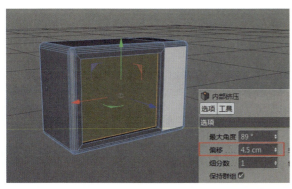

图6-69

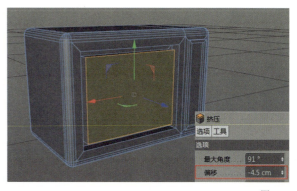

图6-70

09 选中面并连续两次进行内部挤压，作为电视机的模型框架，如图6-71和图6-72所示。

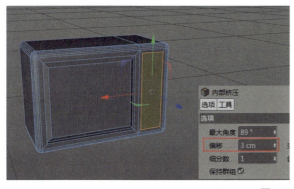

图6-71

图6-72

10 选中周围的面进行挤压，如图6-73所示。

11 选中底部和背部的面，进行内部挤压并移动，如图6-74和图6-75所示。

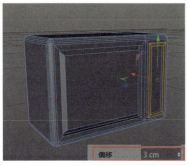

图6-73

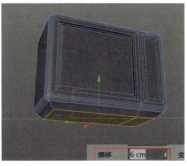

图6-74

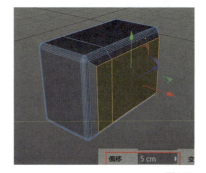

图6-75

12 创建一个"半径"为7cm,"高度"为4cm,"旋转分段"为36的圆柱体,然后对其内部挤压1.5cm,接着挤压-1cm,参数设置及效果如图6-76所示。

13 创建一个立方体,具体参数如图6-77所示,然后将其与上一步创建的圆柱体进行组合,作为旋钮模型,如图6-78所示。

14 对电视机模型使用"细分曲面"命令,并与上一步旋钮模型进行拼合,如图6-79所示。

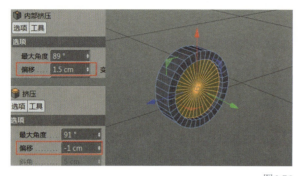

图6-76

图6-77

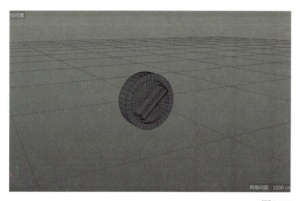

图6-78

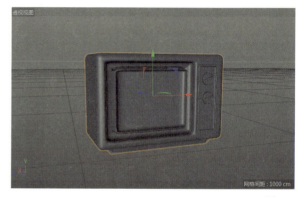

图6-79

15 在电视机的顶部添加两个圆柱体,调整参数并组合,完成电视机模型的建模,如图6-80所示。至此,食品包装海报场景中的全部模型创建完成,效果如图6-81所示。

图6-80 图6-81

6.2 设置材质

下面,创建场景中模型需要的材质,本案例需要创建食品包装和舞台等的材质。

6.2.1 食品包装材质

创建空白材质,双击进入"材质编辑器"窗口,具体参数设置如图6-82和图6-83所示。

操作步骤

① 勾选"颜色"选项,然后在"纹理"通道中加载食品包装贴图,设置"亮度"为100%。
② 勾选"反射"选项,设置"类型"为GGX,"粗糙度"为5%,"菲涅耳"为"绝缘体","预置"为"沥青"。

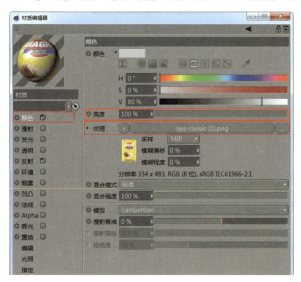
图6-82

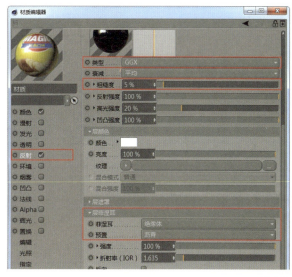
图6-83

6.2.2 舞台材质

创建空白材质,双击进入"材质编辑器"窗口,具体参数设置如图6-84和图6-85所示。

操作步骤

① 勾选"颜色"选项,设置"颜色"为(R:66,G:66,B:66),"亮度"为100%。
② 勾选"反射"选项,设置"类型"为GGX,"粗糙度"为10%,"亮度"为66%,"菲涅耳"为"导体","预置"为"钢","强度"为100%。

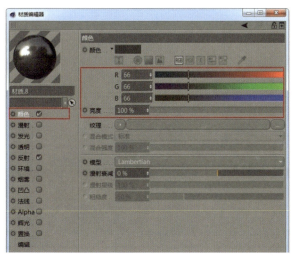
图6-84

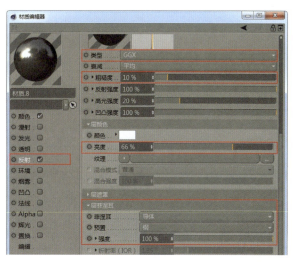
图6-85

6.2.3 金色材质

创建空白材质,双击进入"材质编辑器"窗口,勾选"反射"选项,设置"类型"为GGX,"粗糙度"为10%,"菲涅耳"为"导体","预置"为"金","强度"为100%,如图6-86所示。

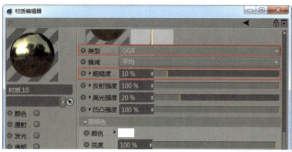
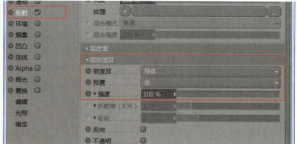

图6-86

6.2.4 机械爪材质

创建空白材质,双击进入"材质编辑器"窗口,具体参数设置如图6-87和图6-88所示。

操作步骤

① 勾选"颜色"选项,设置"颜色"为(R:239,G:239,B:239),"亮度"为100%。

② 勾选"反射"选项,设置"类型"为GGX,"菲涅耳"为"导体","预置"为"钢","强度"为100%。

图6-87   图6-88

6.2.5 文字材质

01 创建空白材质,双击进入"材质编辑器"窗口,具体参数设置如图6-89~图6-92所示。

操作步骤

① 勾选"颜色"选项,设置"颜色"为(R:253,G:207,B:41),"亮度"为100%。

② 勾选"发光"选项,设置"颜色"为(R:255,G:212,B:42),"亮度"为150%。

③ 勾选"透明"选项,设置"颜色"为白色,"亮度"为24%,"折射率预设"为"玻璃","折射率"为1.517,"菲涅耳反射率"为100%。

④ 勾选"反射"选项,设置"类型"为GGX,"菲涅耳"为"绝缘体","预置"为"自定义","强度"为100%,"折射率(IOR)"为3.21。

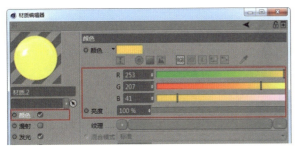
图6-89

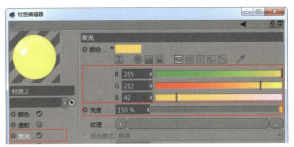
图6-90

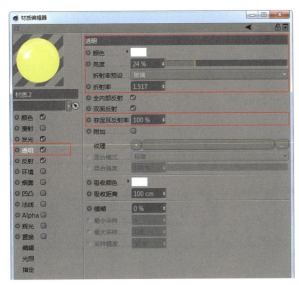
图6-91

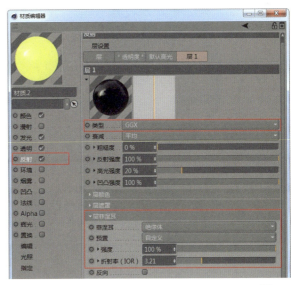
图6-92

02 将创建好的材质赋予相应的模型，效果如图6-93所示。

图6-93

6.3 添加灯光

本节为场景中的模型添加灯光，本案例只需要创建一盏主光源。在当前场景中添加一盏区域灯光，放置在整个场景的正前方，如图6-94所示，设置灯光参数，如图6-95和图6-96所示。

操作步骤

① 在"常规"选项卡中设置"颜色"为（R:128,G:128,B:128），"强度"为120%，"类型"为"区域光"，"投影"为"阴影贴图（软阴影）"。

② 在"细节"选项卡中设置"衰减"为"平方倒数（物理精度）"，"半径衰减"为575cm。

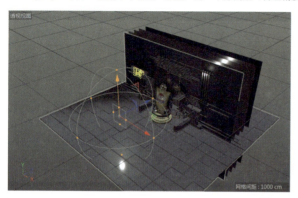
图6-94

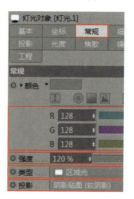
图6-95

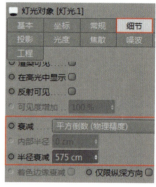
图6-96

6.4 设置环境

01 新建一个材质并创建一个天空对象，执行"窗口>内容浏览器"菜单命令，打开"内容浏览器"窗口，将预置材质"preset://Prime.lib4d/Presets/Light Setups/HDRI/tex/studio021.hdr"直接拖曳到天空材质的"发光"通道中，如图6-97和图6-98所示。

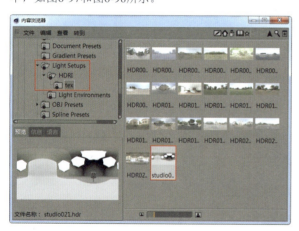
图6-97

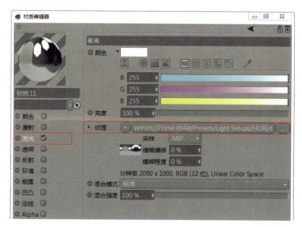
图6-98

02 拖曳天空材质赋予天空对象，按快捷键Ctrl+B打开"渲染设置"窗口，接着在"渲染设置"窗口中单击"效果"按钮，选择"全局光照"选项，如图6-99所示。

03 按快捷键Ctrl+R进行渲染，此时场景反射了天空环境贴图，如图6-100所示。这时会发现渲染出来的效果并不是特别的理想，虽然整体效果已经渲染出来了，但是整体场景过暗，细节部分也需要优化。

图6-99　　　　　　　　　　　　　　　　　　　　图6-100

04 选择几何工具组中的"平面"工具创建多个平面作为反光板放置在场景中，效果如图6-101所示。

图6-101

05 渲染并观察效果，如图6-102所示。

图6-102

06 在Photoshop中对渲染好的效果图进行简单的明暗对比调整，最终效果如图6-103所示。

图6-103

7

第 章

迷幻霓虹灯风格：可乐海报

本章讲解可乐海报的制作，案例最终效果如图7-1所示。

图7-1

- ◎ 视频名称　迷幻霓虹灯风格：可乐海报
- ◎ 实例位置　实例文件 >CH07> 迷幻霓虹灯风格：可乐海报
- ◎ 学习目标　掌握霓虹灯材质的设置方法

7.1 主体模型的制作

在制作之前，对模型进行分析和拆分，以便在制作过程中有明确的思路。本案例场景可以大概分为霓虹文字区、背景区和易拉罐，分别如图7-2～图7-4所示。拆解完成后逐一对其进行建模。

图7-2　　　　　　　　　　　图7-3　　　　　　　　　　　

图7-4

7.1.1 霓虹文字区模型的创建

在场景中加载路径文字，创建一个"半径"为3.5cm的圆形，接着进行扫描，如图7-5所示。

图7-5

7.1.2 背景区建模

01 创建两个立方体并进行组合作为舞台，如图7-6所示。

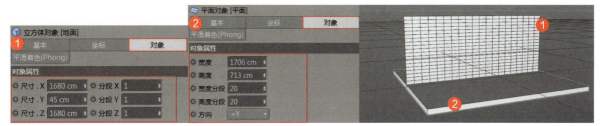

图7-6

02 创建一个圆柱体和一个多边形，然后将二者进行布尔运算，如图7-7和图7-8所示。

03 将布尔运算后的图形进行对称，并放置在舞台的相应位置，如图7-9所示。

图7-7

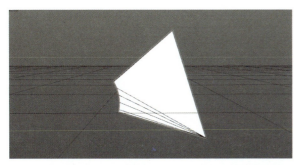

图7-8

图7-9

04 创建一个圆柱体和一个多边形,对多边形进行编辑调整后,将二者进行布尔运算,如图7-10和图7-11所示。

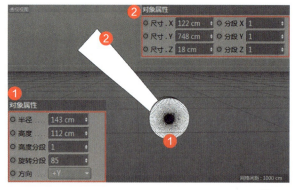
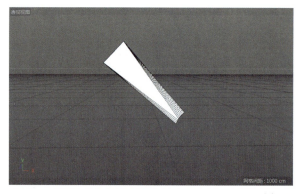

图7-10　　　　　　　　　　　　　　　　　　　　图7-11

05 将布尔运算后的图形进行对称,摆放在舞台的相应位置,如图7-12和图7-13所示。

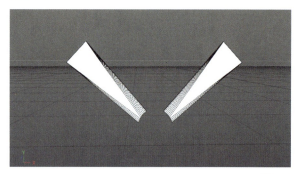
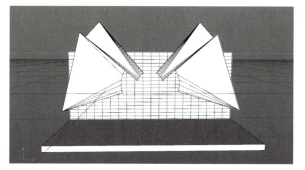

图7-12　　　　　　　　　　　　　　　　　　　　图7-13

06 创建一个立方体,对其进行编辑并对称,接着将对称后的图形与前面创建的模型进行组合,如图7-14和图7-15所示。

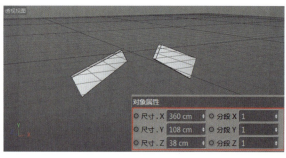
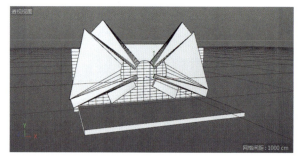

图7-14　　　　　　　　　　　　　　　　　　　　图7-15

07 创建一个立方体对其进行编辑,然后与创建的模型进行组合,如图7-16和图7-17所示。

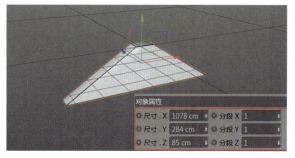
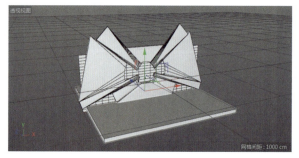

图7-16　　　　　　　　　　　　　　　　　　　　图7-17

08 绘制管道和立方体模型，对立方体进行编辑后对二者进行布尔运算，如图7-18和图7-19所示。

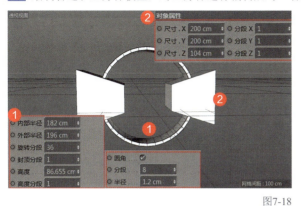

图7-18

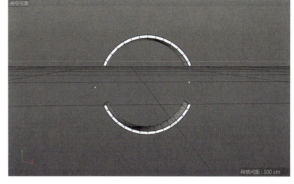

图7-19

09 将步骤08创建的模型放置在舞台的相应位置，如图7-20所示。

10 复制步骤08创建的模型，缩放并旋转后放置在舞台的相应位置，如图7-21和图7-22所示。

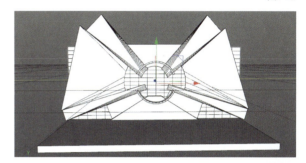

图7-20

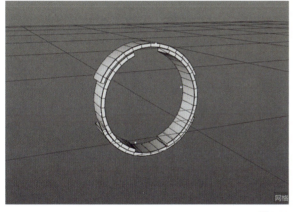

图7-21

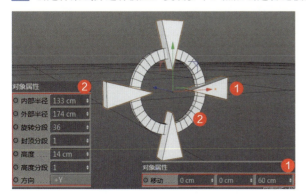

图7-22

11 创建样条线并进行挤压，复制多个，然后创建管道模型并将二者进行布尔运算，如图7-23和图7-24所示。

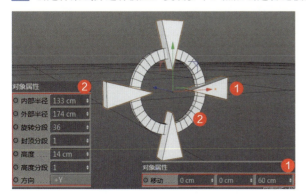

图7-23

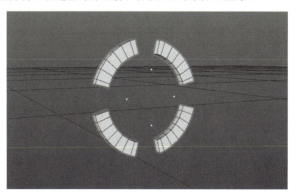

图7-24

12 将布尔运算后的模型复制一份并调整大小，然后将其与舞台其他模型进行组合，如图7-25和图7-26所示。

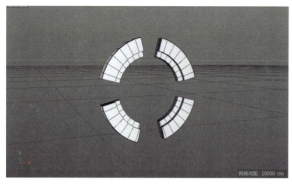

图7-25

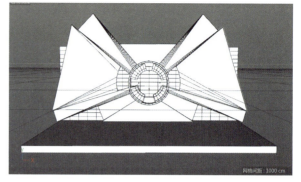

图7-26

13 创建一个"半径"为190cm，"高度"为123cm，"旋转分段"为36的圆柱体，将其转换为可编辑对象，然后进行内部挤压和挤压，如图7-27和图7-28所示。

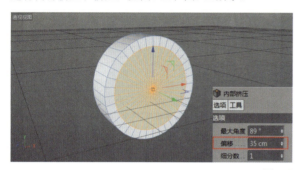

图7-27

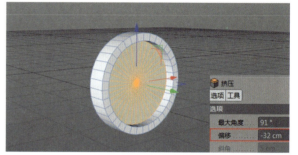

图7-28

14 将挤压后的圆柱体与舞台其他模型进行组合，如图7-29所示。

15 创建两个六边形样条线，然后进行"样条布尔"运算和挤压，如图7-30和图7-31所示。

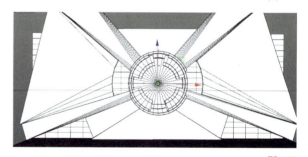

图7-29

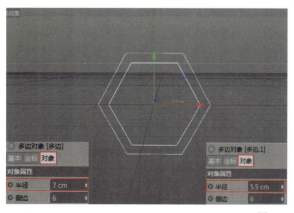

图7-30

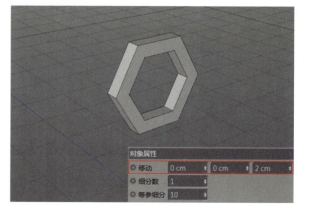

图7-31

16 复制上一步创建的模型并组合,如图7-32所示。

17 对组合好的模型进行复制,设置"模式"为"线性","数量"为20,如图7-33所示。

图7-32

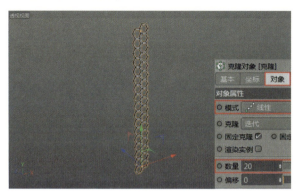

图7-33

18 继续进行复制,设置"模式"为"线性","数量"为27,如图7-34所示。

19 将复制好的模型组合进行复制,然后放置在舞台上,如图7-35所示。至此,舞台部分的模型创建完成。

图7-34

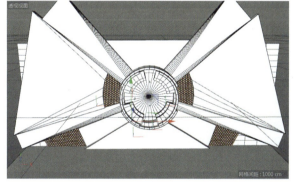

图7-35

7.1.3 易拉罐建模

01 在正视图中加载易拉罐图片,如图7-36所示。

02 使用"画笔"工具沿易拉罐外轮廓绘制,然后对其进行旋转,如图7-37所示。

图7-36

图7-37

03 选择易拉罐底部的面进行内部挤压，并沿y轴移动，如图7-38和图7-39所示。

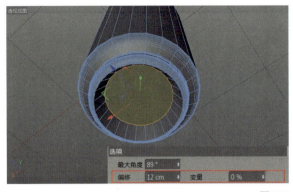
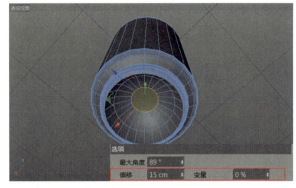

图7-38   图7-39

04 对易拉罐外轮廓使用"细分曲面"命令，如图7-40所示。

05 在顶视图加载学习资源中的易拉罐顶部图片，如图7-41所示。

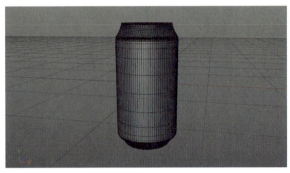
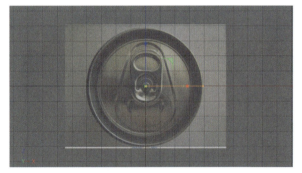

图7-40   图7-41

06 创建一个圆柱体，并调整圆柱的大小与高度，使其与易拉罐本身大小相等，如图7-42和图7-43所示。

07 将圆柱的"旋转分段"设置为10，然后将其转换为可编辑对象，如图7-44所示。

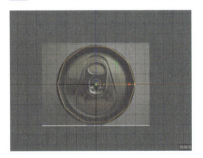

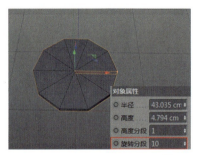

图7-42   图7-43   图7-44

08 根据易拉罐顶部的凹凸结构对圆柱体进行内部挤压，挤压参数可根据图片本身确定，如图7-45和图7-46所示。

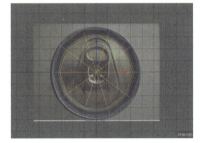

图7-45   图7-46

09 选择顶部中间的面,进行内部挤压,然后根据易拉罐顶部图片调整锚点与整体形状,如图7-47和图7-48所示。

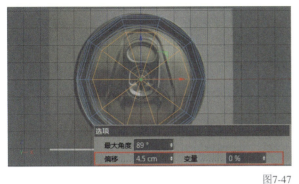

图7-47

图7-48

10 选中调整布线的面,进行挤压,如图7-49所示。

11 选中挤压的面,单击鼠标右键,在弹出的菜单中选择"融解"选项,如图7-50所示,将选择的面融解成一个整体的面。

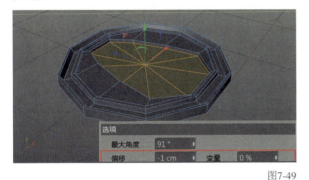

图7-49

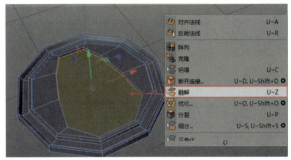

图7-50

12 选择"线性切割"工具对融解的面进行分割布线,如图7-51所示。

13 选择重新布线后的面,编辑后进行内部挤压,如图7-52所示。

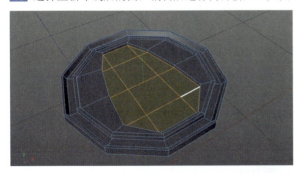

图7-51

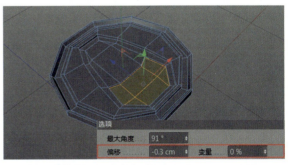

图7-52

14 保持选中的面不变,继续进行内部挤压,如图7-53所示。

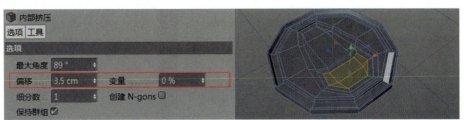

图7-53

15 保持选中的面不变,再次进行挤压并移动点,如图7-54和图7-55所示。

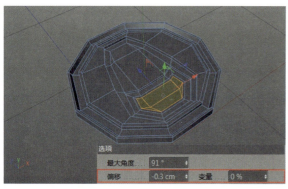
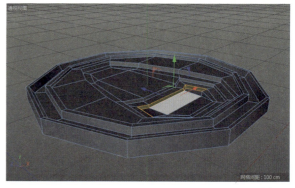

图7-54　　　　　　　　　　　　　　　　　　　　图7-55

16 对编辑好的易拉罐顶部使用"细分曲面"命令,如图7-56所示。

17 单击鼠标右键,在弹出的菜单中选择"循环/路径切割"选项,然后给易拉罐顶部添加循环切割线,如图7-57~图7-59所示。

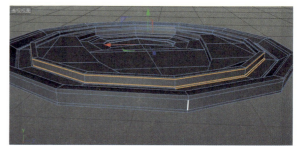

图7-56　　　　　　　　　　　　　　　　　　　　图7-57

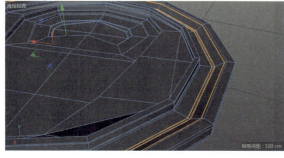
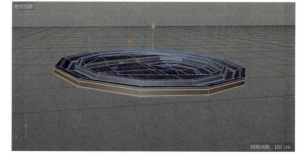

图7-58　　　　　　　　　　　　　　　　　　　　图7-59

18 创建一个圆盘,然后设置"圆盘分段"为3,"旋转分段"为10,如图7-60所示。

19 编辑圆盘的点、线和面,然后调整到相应的位置,如图7-61所示。

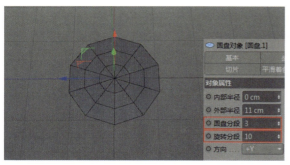
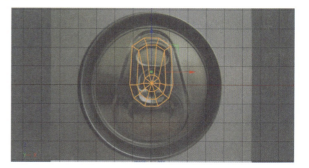

图7-60　　　　　　　　　　　　　　　　　　　　图7-61

20 继续调整和编辑圆盘的布线,如图7-62所示。

21 选中所有的面,单击鼠标右键,在弹出的菜单中选择"挤压"选项,对其进行挤压,如图7-63所示。

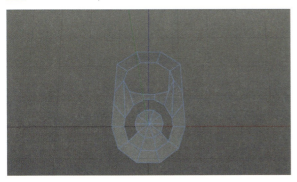 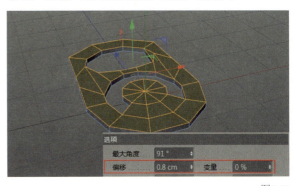

图7-62　　　　　　　　　　　　　　　　　　　　图7-63

22 对挤压后的圆盘使用"细分曲面"命令,然后使用"循环/路径切割"工具增加布线,完成易拉罐拉环模型的创建,如图7-64～图7-66所示。

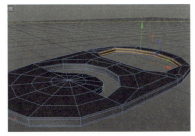  

图7-64　　　　　　　　　　　图7-65　　　　　　　　　　　图7-66

23 将易拉罐本身、顶部和拉环组合,可乐易拉罐的模型创建完成,如图7-67所示。将前面所有的模型组合,本案例场景中的所有模型创建完成,如图7-68所示。

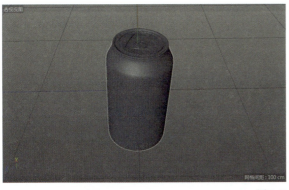 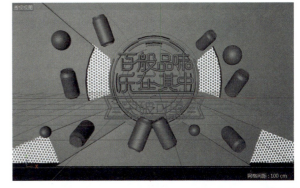

图7-67　　　　　　　　　　　　　　　　　　　　图7-68

7.2 设置材质

本节讲解场景中材质的创建方法,本案例需要创建霓虹文字和舞台背景等的材质。

7.2.1 霓虹文字材质

01 创建空白材质,双击进入"材质编辑器"窗口,具体参数设置如图7-69～图7-71所示。

操作步骤

① 勾选"发光"选项,设置"颜色"为(R:32,G:159, B:255),"亮度"为130%。

② 勾选"反射"选项,设置"类型"为GGX,"亮度"为120%,"菲涅耳"为"绝缘体","预置"为"钻石","强度"为100%,"折射率(IOR)"为2.417。

③ 勾选"辉光"选项,设置"内部强度"为5%,"外部强度"为50%,"半径"为10cm,"随机"为0%,"频率"为1,勾选"材质颜色"选项。

图7-69

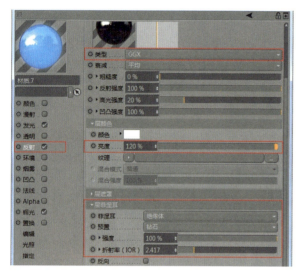

图7-70

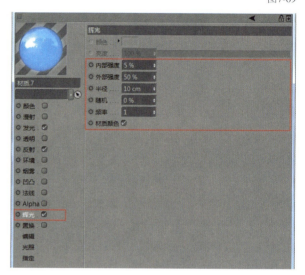

图7-71

02 新建空白材质,双击进入"材质编辑器"窗口,具体参数设置如图7-72和图7-73所示。

操作步骤

① 勾选"发光"选项,设置"颜色"为(R:255,G:84,B:152),"亮度"为100%。

② 勾选"反射"选项,设置"类型"为GGX,"菲涅耳"为"绝缘体","预置"为"钻石","强度"为100%,"折射率(IOR)"为2.417。

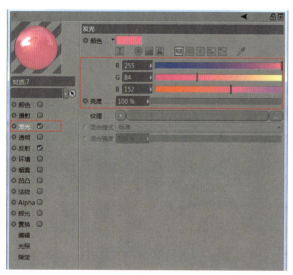

图7-72

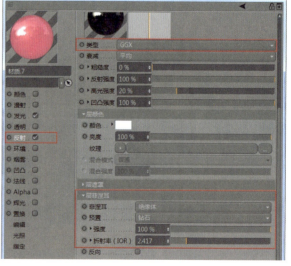

图7-73

7.2.2 舞台背景材质

创建空白材质,双击进入"材质编辑器"窗口,具体参数设置如图7-74和图7-75所示。

操作步骤

① 勾选"颜色"选项,设置"颜色"为(R:27,G:31,B:38),"亮度"为100%。

② 勾选"反射"选项,设置"类型"为GGX,"粗糙度"为10%,"亮度"为23%,"菲涅耳"为"导体","预置"为"钢","强度"为100%。

图7-74

图7-75

7.2.3 易拉罐材质

01 创建空白材质,双击进入"材质编辑器"窗口,勾选"颜色"选项,并在"纹理"中加载罐装可乐包装贴图,设置"亮度"为100%,如图7-76所示。

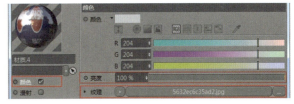

图7-76

02 创建空白材质,双击进入"材质编辑器"窗口,具体参数设置如图7-77和图7-78所示。

操作步骤

① 勾选"颜色"选项,设置"颜色"为(R:52,G:65,B:146),"亮度"为100%。

② 勾选"反射"选项,设置"类型"为GGX,"亮度"为74%,"粗糙度"为0%,"菲涅耳"为"导体","预置"为"铝","强度"为100%。

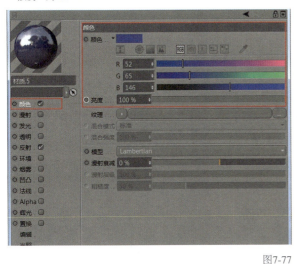

图7-77

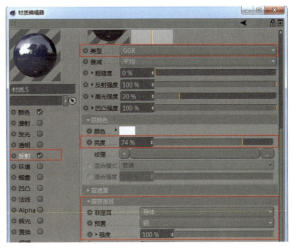

图7-78

03 创建空白材质,双击进入"材质编辑器"窗口,勾选"反射"选项,设置"类型"为GGX,"粗糙度"为5%,"菲涅耳"为"导体","预置"为"铝","强度"为100%,如图7-79所示。

04 将创建的材质赋予相应的模型,效果如图7-80所示。

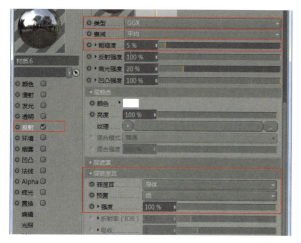

图7-79

图7-80

7.3 添加灯光

本节为场景添加灯光,本案例需要创建一盏主光源和两盏辅助光源,位置如图7-81所示。

7.3.1 主光源

场景正前方主光源的参数设置如图7-82所示。

操作步骤

① 在"常规"选项卡中设置"颜色"为白色,"强度"为100%,"类型"为"区域光","投影"为"区域"。

② 在"细节"选项卡中设置"衰减"为"平方倒数(物理精度)","半径衰减"为594cm。

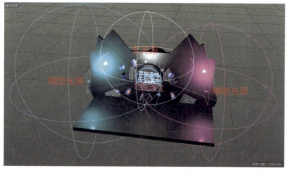

图7-81　　　　　　　　　　　　　　　　　　图7-82

7.3.2 辅助光源

场景两边的辅助光源的参数设置如图7-83和图7-84所示。

操作步骤

① 在"常规"选项卡中设置"颜色"为（R:117,G:223,B:247），"强度"为100%，"类型"为"区域光","投影"为"无"。
② 在"细节"选项卡中设置"衰减"为"平方倒数（物理精度）"，"半径衰减"为950cm。
③ 在"常规"选项卡中设置"颜色"为（R:255,G:111,B:207），"强度"为100%，"类型"为"区域光","投影"为"无"。
④ 在"细节"选项卡中设置"衰减"为"平方倒数（物理精度）"，"半径衰减"为787cm。

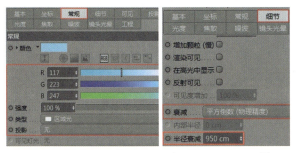

图7-83

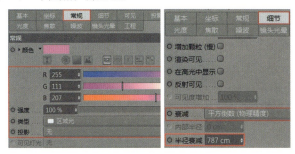

图7-84

7.4 设置环境

01 新建一个材质并创建一个天空，执行"窗口>内容浏览器"菜单命令，打开"内容浏览器"窗口，将预置材质"preset://gsg_hdri_studio_pack.lib4d/4. Simple/TwoFacingKinos.hdr"直接拖曳到天空材质的"发光"通道中，如图7-85和图7-86所示。

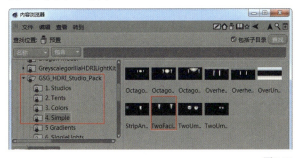

图7-85

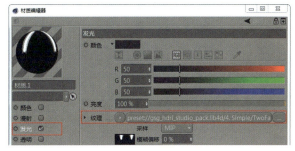

图7-86

02 拖曳天空材质赋予天空对象，按快捷键Ctrl+B打开"渲染设置"窗口，在"渲染设置"窗口中单击"效果"按钮，选择"全局光照"选项，如图7-87所示。

03 按快捷键Ctrl+R进行渲染，如图7-88所示。这时会发现渲染出来的效果并不是特别理想，虽然整体效果已经渲染出来了，但是场景过暗且细节部分需要优化。

图7-87

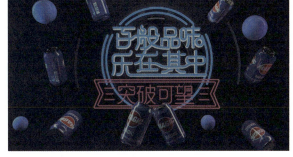

图7-88

04 选择几何工具组中的"平面"工具创建多个平面，作为反光板放置在场景中，如图7-89所示。4个反光板的参数设置如图7-90～图7-93所示。

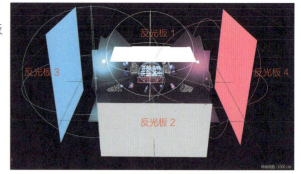

图7-89

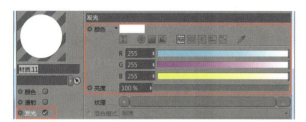

图7-90

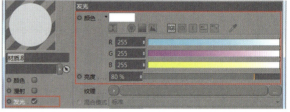

图7-91

图7-92

图7-93

05 渲染并观察效果，如图7-94所示。打开Photoshop进行简单的明暗对比调整，最终效果如图7-95所示。

图7-94

图7-95

第 8 章

节日气球风格：父亲节海报

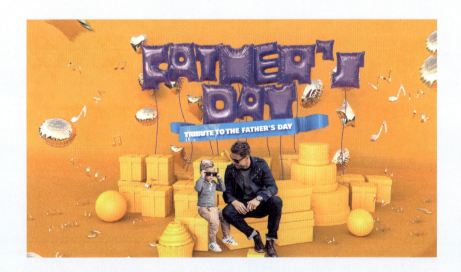

本章讲解父亲节海报的制作，案例最终效果如图8-1所示。

图8-1

- ◎ 视频名称 节日气球风格：父亲节海报
- ◎ 实例位置 实例文件 >CH08> 节日气球风格：父亲节海报
- ◎ 学习目标 掌握节日气球类模型的制作方法及节日场景氛围的营造方法

8.1 主体模型的制作

在制作之前，对模型进行分析和拆分，以便在制作的过程中有明确的思路。本案例场景中模型可以大概分为气球文字和彩带装饰，气球，礼品，以及冰激凌和蛋糕等，分别如图8-2～图8-5所示。拆解完成后逐一对其进行建模。

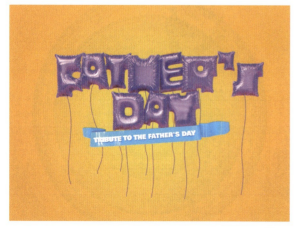

图8-2

图8-3

图8-4

图8-5

8.1.1 气球文字和彩带装饰建模

01 在场景中加载学习资源中的路径文字,如图8-6所示。

02 以"F"为例进行讲解。选择"挤压"工具对其进行挤压,如图8-7所示。

图8-6

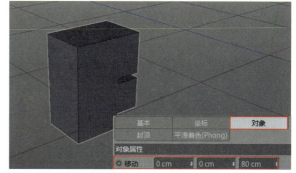
图8-7

03 选择"挤压"选项,在挤压的属性面板中设置参数,接着选择"样条"选项,在样条的属性面板中设置相关参数,如图8-8和图8-9所示。

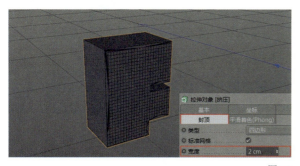
图8-8

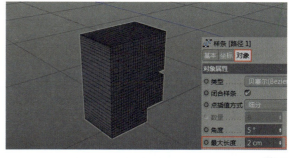
图8-9

04 选中挤压后的模型,将其转换为可编辑对象,接着单击鼠标右键,在弹出的菜单中选择"连接对象+删除"选项,将其变成一个整体,如图8-10所示。

05 选中变成一个整体的"F"模型,为其加载"布料"标签,如图8-11所示。

图8-10

图8-11

06 选择"实时选择"工具,然后选中"F"模型的侧面,如图8-12所示。

07 单击"布料"标签,在其下方的属性面板中选择"修整"选项卡,然后单击"缝合面"的"设置"按钮,如图8-13所示。

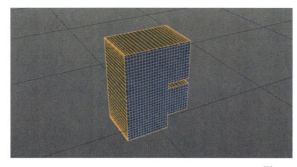

图8-12

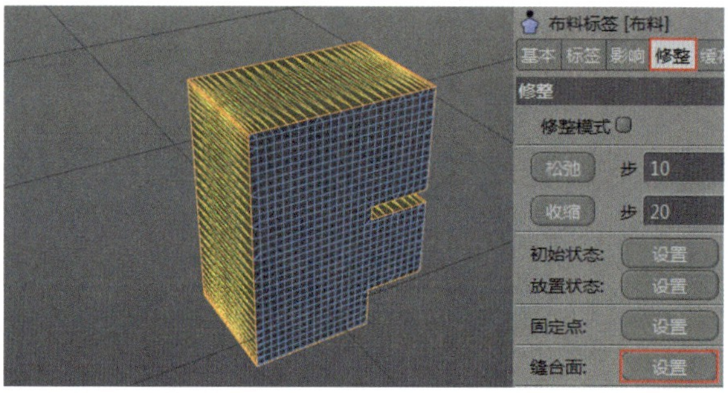

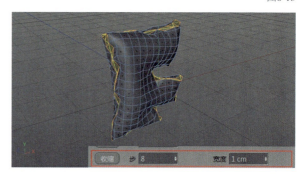

图8-13

08 设置"收缩"的相关参数并单击"收缩"按钮,如图8-14所示。

09 选中侧边,然后向外进行挤压,如图8-15所示。

10 对"F"模型使用"细分曲面"命令,效果如图8-16所示。至此气球"F"的模型创建完成。

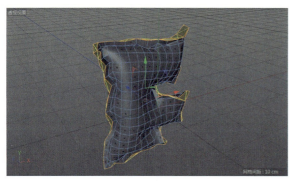

图8-15

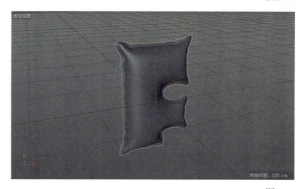

图8-14

图8-16

11 以同样的方法完成其他的气球文字的制作,如图8-17~图8-25所示。

图8-17

图8-18

图8-19

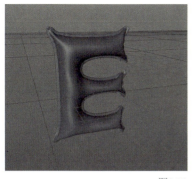

图8-20　　　　　　　　　　　　图8-21　　　　　　　　　　　　图8-22

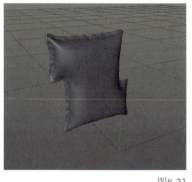

图8-23　　　　　　　　　　　　图8-24　　　　　　　　　　　　图8-25

12 绘制一条样条线，其尺寸自定，然后创建一个矩形样条线，调整参数，将二者进行扫描，如图8-26～图8-28所示。

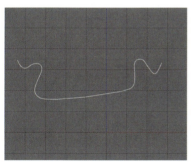
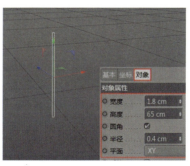
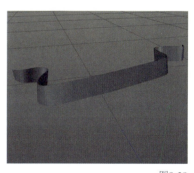

图8-26　　　　　　　　　　　　图8-27　　　　　　　　　　　　图8-28

13 选择"文本"工具输入文字并进行挤压，接着将其与刚才扫描得到的彩带组合，如图8-29和图8-30所示。

14 绘制样条线，尺寸自定，将其挤压并放置在气球文字的下方，作为气球字体的装饰线条。气球文字与彩带装饰的组合效果如图8-31所示。

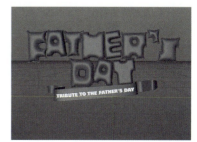

图8-29　　　　　　　　　　　　图8-30　　　　　　　　　　　　图8-31

8.1.2 气球建模

01 用"圆环"和"多边"工具绘制一个心形样条线,然后用"样条布尔"工具进行编辑,如图8-32和图8-33所示。

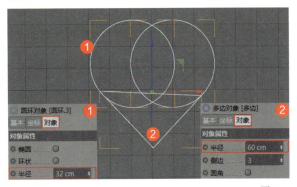

图8-32

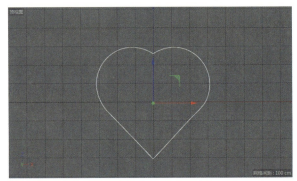

图8-33

02 对创建的心形样条线进行挤压,如图8-34所示。

03 选中"挤压"选项,在挤压的属性面板中设置参数,接着选中"样条"选项,在样条的属性面板中设置相关参数,如图8-35和图8-36所示。

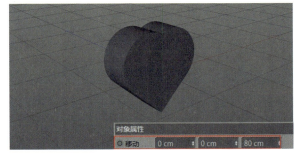

图8-34

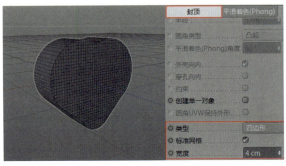

图8-35

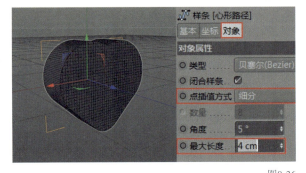

图8-36

04 将心形转换为可编辑对象,为其添加"布料"标签,接着选中心形的侧边面,如图8-37所示。

05 单击"布料"标签面板中的"修整"选项卡,设置"收缩"的"步"为20,"宽度"为6cm,接着单击"缝合面"后的"设置"按钮,再单击"收缩"按钮,如图8-38所示。

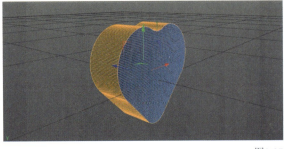

图8-37

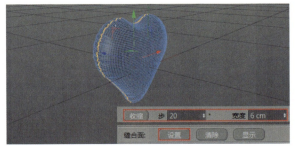

图8-38

06 选中侧边面，然后对其进行挤压，如图8-39所示，对挤压后的心形气球使用"细分曲面"命令，完成心形气球的制作，如图8-40所示。

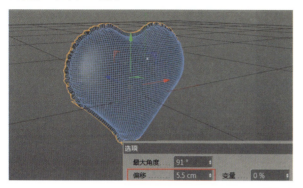

图8-39

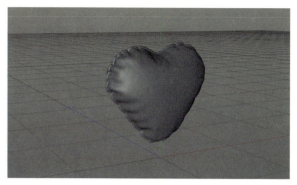

图8-40

07 创建两个星形样条线，对其尖角进行倒角编辑，如图8-41～图8-43所示。

08 对星形样条线进行挤压，如图8-44所示。

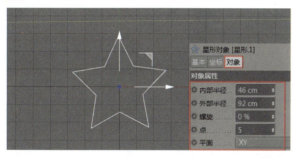

图8-41

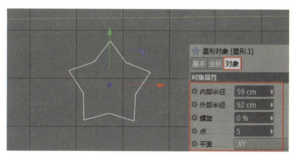

图8-42

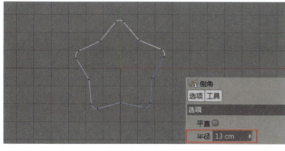

图8-43

图8-44

09 选中"挤压"选项，在挤压的属性面板中设置参数，接着选中"样条"选项，在样条的属性面板中设置参数，如图8-45和图8-46所示。

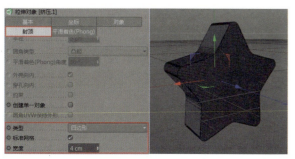

图8-45

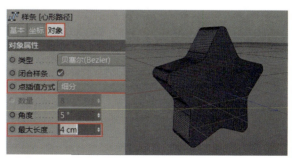

图8-46

10 将星形转换为可编辑的对象,然后选中星形的侧边面,如图8-47所示。

11 单击"布料"标签面板中的"修整"选项卡并设置参数,接着单击"缝合面"后的"设置"按钮,再单击"收缩"按钮,如图8-48所示。

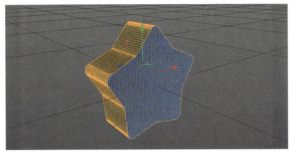
图8-47

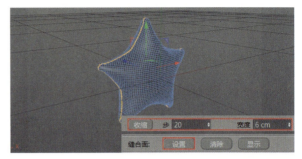
图8-48

12 选中侧边面,然后对其进行挤压,接着对挤压后的星形气球使用"细分曲面"命令,完成星形气球的制作,如图8-49和图8-50所示。

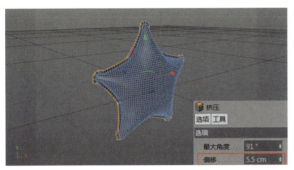
图8-49

图8-50

13 创建一个圆形样条线,然后对其进行挤压,如图8-51和图8-52所示。

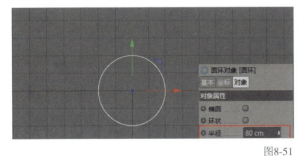
图8-51

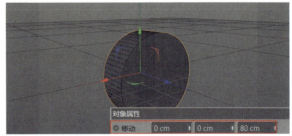
图8-52

14 选中"挤压"选项,在挤压的属性面板中设置参数,接着选中"样条"选项,在样条的属性面板中设置参数,如图8-53和图8-54所示。

图8-53

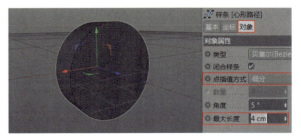
图8-54

15 将圆形转换为可编辑对象，然后选中侧边面，为其添加"布料"标签，如图8-55所示。

16 单击"布料"标签面板中的"修整"选项卡并设置参数，接着单击"缝合面"后的"设置"按钮，再单击"收缩"按钮，如图8-56所示。

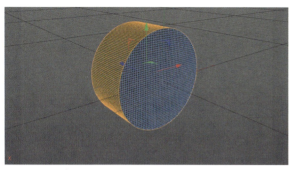

图8-55

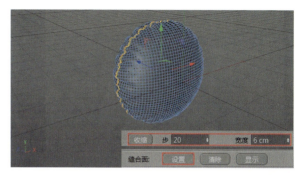

图8-56

17 选中侧边面并对其进行挤压，接着对挤压后的圆形气球使用"细分曲面"命令，完成圆形气球的制作，如图8-57和图8-58所示。

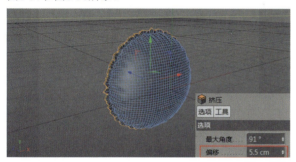

图8-57

图8-58

18 在场景中加载两个音乐符号的图标，然后对其进行挤压，如图8-59和图8-60所示。

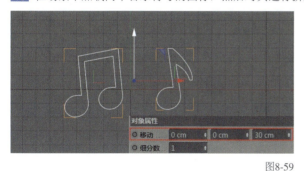

图8-59

图8-60

19 选中"挤压"选项，并在其属性面板中设置参数，然后选中"样条"选项，在其属性面板中设置参数，如图8-61和图8-62所示。

图8-61

图8-62

20 将音符模型转换为可编辑的对象,然后选中音符侧边面并为其添加"布料"标签,如图8-63所示。

21 单击"布料"标签面板中的"修整"选项卡并设置参数,接着单击"缝合面"后的"设置"按钮,再单击"收缩"按钮,如图8-64所示。

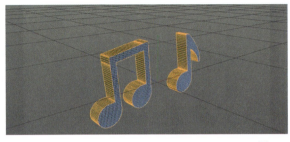
图8-63

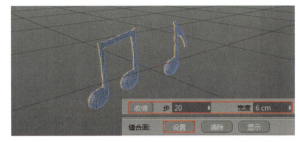
图8-64

22 选中侧边面并对其进行挤压,接着对挤压后的音符气球使用"细分曲面"命令,完成音符气球的制作,如图8-65和图8-66所示。

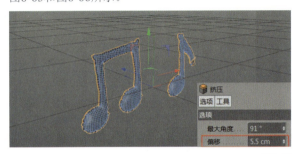
图8-65

图8-66

23 绘制螺旋样条线,然后绘制"宽度"为1.4cm、"高度"为12cm的矩形样条线,然后对二者进行扫描,完成装饰气球的制作,如图8-67和图8-68所示。

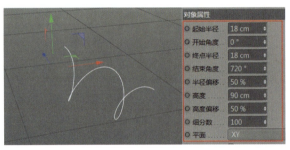
图8-67

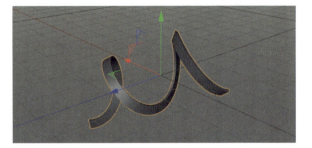
图8-68

8.1.3 礼品建模

01 创建一个立方体,然后调整大小,如图8-69所示。

图8-69

02 创建一个立方体,然后调整大小并进行组合,如图8-70和图8-71所示。第1种类型的礼品盒创建完成。

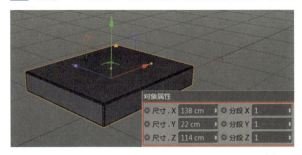
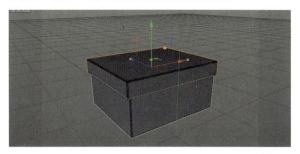

图8-70　　　　　　　　　　　　　　　　　　　　　　　图8-71

03 创建一个立方体并调整大小,如图8-72所示。

图8-72

04 创建一个立方体并调整大小,然后将其与上一步创建的立方体组合,如图8-73和图8-74所示。

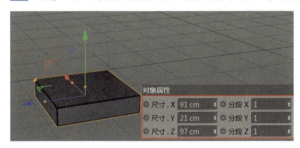
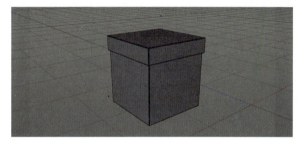

图8-73　　　　　　　　　　　　　　　　　　　　　　　图8-74

05 绘制两个矩形样条线,如图8-75和图8-76所示。然后对二者进行扫描,如图8-77所示。

06 将扫描后的样条线与步骤04创建的模型进行组合,如图8-78所示。

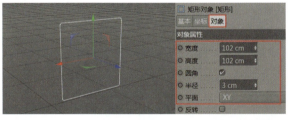
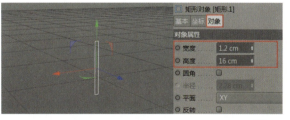

图8-75　　　　　　　　　　　　　　　　　　　　　　　图8-76

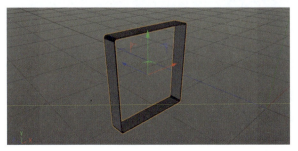
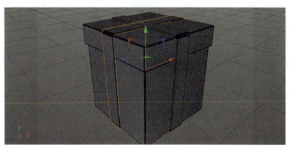

图8-77　　　　　　　　　　　　　　　　　　　　　　　图8-78

07 使用"画笔"工具绘制样条线,然后绘制"宽度"为0.6cm、"高度"为15cm的矩形样条线,并对二者进行扫描,如图8-79和图8-80所示。

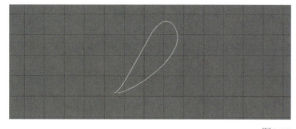

图8-79

图8-80

08 将扫描好的样条线进行复制组合,如图8-81所示。第2种类型的礼品盒创作完成。将礼品盒模型进行组合,如图8-82所示。

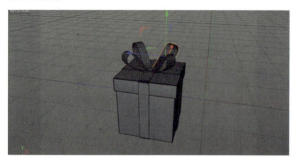

图8-81

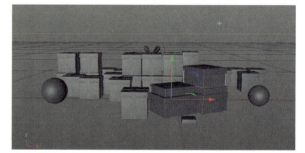

图8-82

8.1.4 冰激凌和蛋糕建模

01 创建圆柱并使用"循环/路径切割"工具对其添加分段线,如图8-83和图8-84所示。

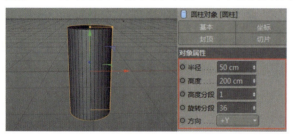

图8-83

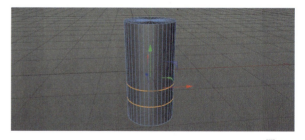

图8-84

02 删除圆柱体上半部分,然后选中顶端锚点并沿y轴向上移动,如图8-85和图8-86所示。

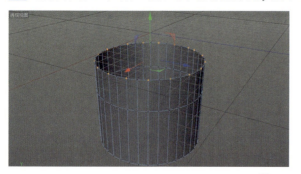

图8-85

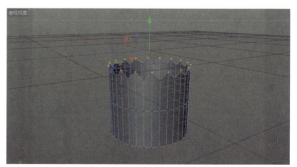

图8-86

03 选中圆柱体的边线并对其进行倒角,如图8-87所示。
04 选中倒角后的面并对其进行挤压,如图8-88所示。

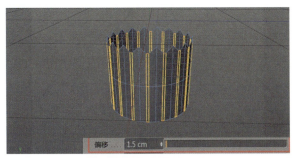

图8-87

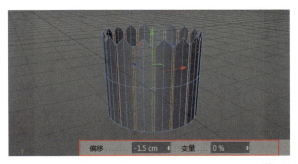

图8-88

05 选中中间的循环线,然后用"缩放"工具对其进行收缩,如图8-89所示。
06 对编辑好的圆柱体使用"细分曲面"命令,如图8-90所示。

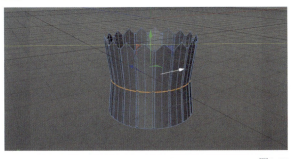

图8-89

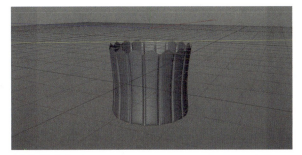

图8-90

07 绘制一条螺旋线并调整参数,如图8-91所示。
08 将编辑好的螺旋线转换为可编辑的样条线,对其再次进行编辑,如图8-92所示。

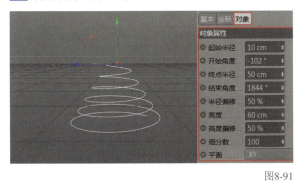

图8-91

图8-92

09 绘制一个六角形样条线,然后将其与螺旋线进行扫描,如图8-93和图8-94所示。

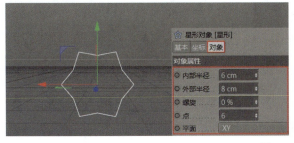

图8-93

图8-94

10 打开"扫描对象"面板调整扫描参数，如图8-95所示。

11 将创建好的模型进行组合，完成冰激凌模型的创建，如图8-96所示。

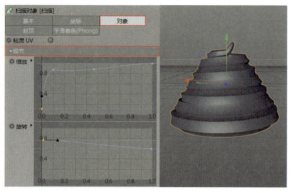

图8-95

图8-96

12 按照①～⑦的顺序创建圆柱体并调整参数，然后对其进行组合，如图8-97所示。

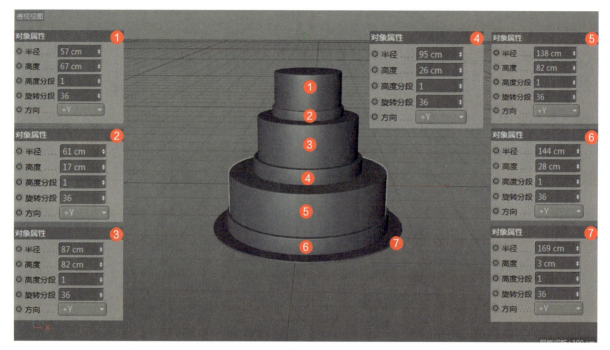

图8-97

13 创建圆柱体和立方体，进行复制组合，如图8-98～图8-100所示。

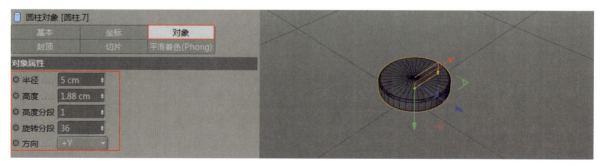

图8-98

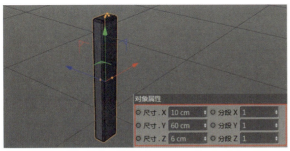
图8-99

图8-100

14 创建一个平面并设置其高度，如图8-101所示。

15 将上述所有的模型进行组合，如图8-102所示。至此，场景中的全部模型创建完成。

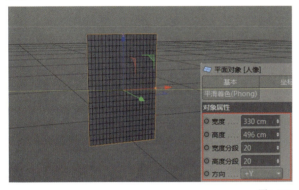
图8-101

图8-102

8.2 设置材质

本节创建场景中需要的材质，本案例需要创建气球文字和礼盒等的材质。

8.2.1 气球文字和彩带装饰材质

01 创建空白材质，双击进入"材质编辑器"窗口，具体参数设置如图8-103和图8-104所示。

操作步骤

① 勾选"颜色"选项，设置"颜色"为（R:172,G:0,B:220），"亮度"为100%。

② 勾选"反射"选项，设置"类型"为GGX，"亮度"为57%，"菲涅耳"为"导体"，"预置"为"钢"，"强度"为100%。

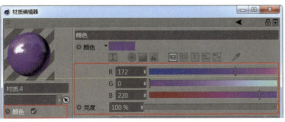
图8-103　　　　　　　　　　　　　　　　图8-104

02 创建空白材质,双击进入"材质编辑器"窗口,具体参数设置如图8-105和图8-106所示。

操作步骤

① 勾选"颜色"选项,设置"颜色"为(R:32,G:173,B:255),"亮度"为100%。

② 勾选"反射"选项,设置"类型"为GGX,"亮度"为26%,"菲涅耳"为"导体","预置"为"银","强度"为100%。

图8-105

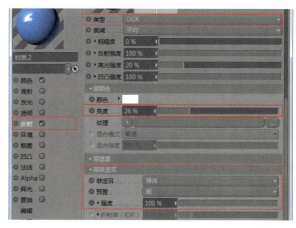

图8-106

03 创建空白材质,双击进入"材质编辑器"窗口,具体参数设置如图8-107和图8-108所示。

操作步骤

① 勾选"颜色"选项,设置"颜色"为(R:255,G:255,B:255),"亮度"为100%。

② 勾选"反射"选项,设置"类型"为GGX,"亮度"为28%,"菲涅耳"为"绝缘体","预置"为"沥青","强度"为100%,"折射率(IOR)"为1.635。

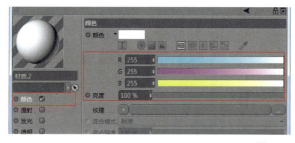

图8-107

图8-108

8.2.2 气球材质

创建空白材质,双击进入"材质编辑器"窗口,勾选"反射"选项,设置"类型"为GGX,"粗糙度"为5%,"菲涅耳"为"导体","预置"为"金","强度"为100%,具体参数设置如图8-109所示。

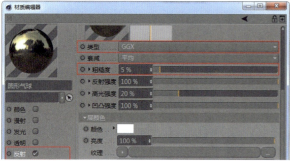

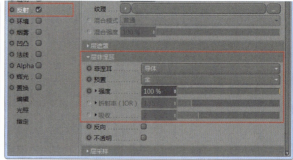

图8-109

8.2.3 礼盒材质

创建空白材质,双击进入"材质编辑器"窗口,具体参数设置如图8-110和图8-111所示。

操作步骤

① 勾选"颜色"选项,设置"颜色"为(R:238,G:177,B:22),"亮度"为100%。

② 勾选"反射"选项,设置"类型"为GGX,"亮度"为28%,"菲涅耳"为"绝缘体","预置"为"沥青","强度"为100%,"折射率(IOR)"为1.635。

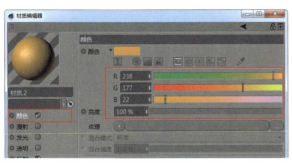

图8-110

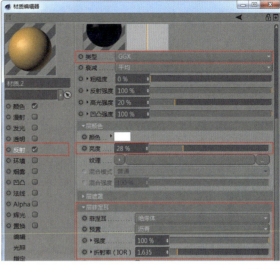

图8-111

8.2.4 人物材质

01 创建空白材质,双击进入"材质编辑器"窗口,具体参数设置如图8-112和图8-113所示。

操作步骤

① 勾选"颜色"选项,在"纹理"中加载学习资源中的人物图片。

② 勾选Alpha选项,在"纹理"通道中加载人物图片。

图8-112

02 将创建的材质赋予相应的模型,效果如图8-114所示。

图8-113

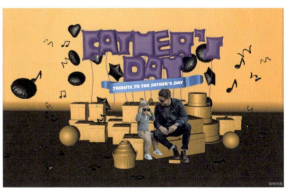

图8-114

8.3 添加灯光

本节为场景添加灯光,本案例需要创建一盏主光源和两盏辅助光源。

8.3.1 主光源

在当前场景中添加一盏区域灯光，放置在整个场景的正前方，位置如图8-115所示。设置灯光参数，如图8-116所示。

操作步骤

① 在"常规"选项卡中设置"颜色"为白色，"强度"为80%，"类型"为"区域光"，"投影"为"区域"。
② 在"细节"选项卡中设置"衰减"为"平方倒数（物理精度）"。

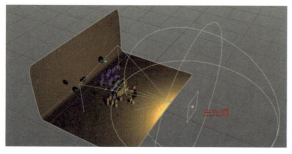
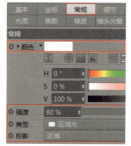

图8-115　　　　　　　　　　　　　　　　　　　　图8-116

8.3.2 辅助光源

在当前场景中添加两盏区域灯光，放置在整个场景的两边，位置如图8-117所示。设置灯光参数，如图8-118所示。

操作步骤

① 在"常规"选项卡中设置"颜色"为白色，"强度"为60%，"类型"为"区域光"，"投影"为"无"。
② 在"细节"选项卡中设置"衰减"为"平方倒数（物理精度）"。

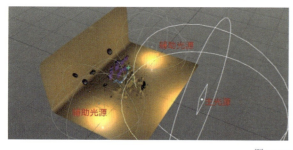

图8-117　　　　　　　　　　　　　　　　　　　　图8-118

8.4 设置环境

01 新建一个材质并创建一个天空，执行"窗口>内容浏览器"菜单命令，打开"内容浏览器"窗口，将预置材质"preset://Prime.lib4d/Presets/Light Setups/HDRI/HDR008.hdr"直接拖曳到天空材质的"发光"通道中，如图8-119和图8-120所示。

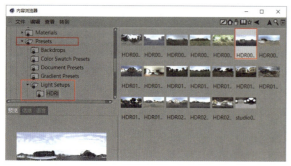
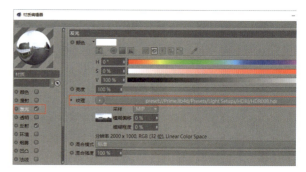

图8-119　　　　　　　　　　　　　　　　　　　　图8-120

02 拖曳天空材质赋予天空对象，按快捷键Ctrl+B打开"渲染设置"窗口，在"渲染设置"窗口中单击"效果"按钮，选择"全局光照"选项，如图8-121所示。

03 按快捷键Ctrl+R进行渲染，如图8-122所示。这时会发现渲染出来的效果并不是特别的理想，虽然整体效果已经渲染出来了，但是场景过暗，细节部分需要优化。

图8-121　　　　　　　　　　　　　　　　　图8-122

04 选择几何工具组中的"平面"工具创建平面，作为反光板放置在场景中，如图8-123所示。渲染并观察效果，如图8-124所示。

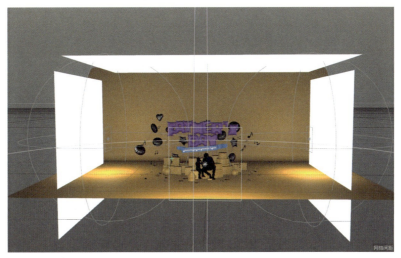

图8-123

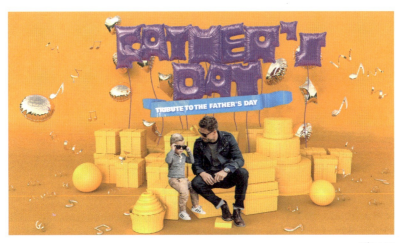

图8-124

05 打开Photoshop，对渲染出来的效果图进行明暗对比调整，最终效果如图8-125所示。

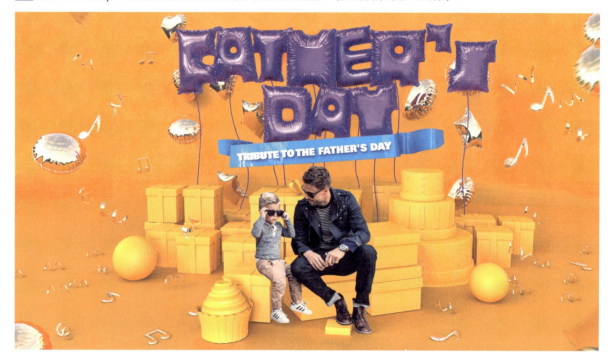

图8-125

9

第 章

卡通角色风格: 萌萌狗海报

■ 萌萌狗卡通角色风格

本章讲解卡通风格海报的制作，最终效果如图9-1所示。

图9-1

◎ 视频名称　卡通角色风格：萌萌狗海报
◎ 实例位置　实例文件＞CH09＞卡通角色风格：萌萌狗海报
◎ 学习目标　掌握卡通角色风格模型的制作方法及萌系海报场景氛围的营造方法

9.1　主体模型的制作

在制作之前，对模型进行分析和拆分，以便在制作过程中有明确的思路。本案例场景中模型可以大概分为萌萌狗和舞台元素区两部分，分别如图9-2～图9-4所示。拆解完成后逐一对其进行建模。

图9-2　　　　　　　　　　　　图9-3　　　　　　　　　　　　图9-4

9.1.1　萌萌狗模型的创建

01　创建一个球体，然后设置球体的布线"类型"为"六面体"，"半径"为100cm，如图9-5所示。
02　将球体转换为可编辑对象，然后单击鼠标右键，在弹出的菜单中选择"笔刷"工具，对球体的整体造型进行编辑，如图9-6所示。

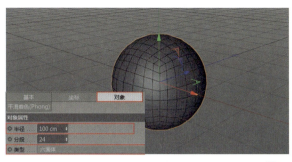
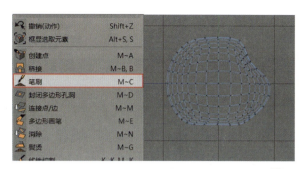

图9-5   图9-6

03 将编辑后的球体选中一半并删除,如图9-7所示。
04 将剩余的一半使用"对称"工具进行对称,如图9-8所示。

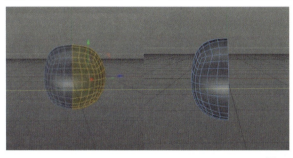
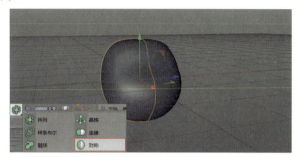

图9-7   图9-8

05 选中面对其进行挤压并编辑,得到耳朵模型,如图9-9所示。
06 选中耳朵的面,然后向内挤压,如图9-10所示。

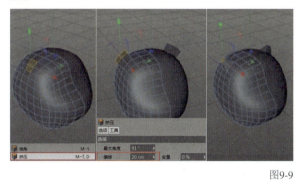
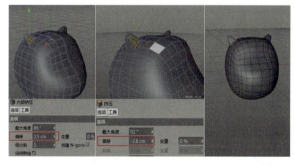

图9-9   图9-10

07 选中面进行挤压制作嘴巴部分,如图9-11所示。
08 选中头部的面并使用"分裂"工具分离,然后使用"挤压"工具进行挤压,如图9-12和图9-13所示。

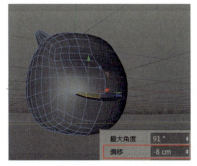
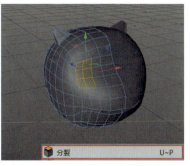
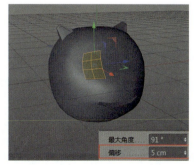

图9-11   图9-12   图9-13

09 创建球体作为眼睛，如图9-14所示。

10 创建一个平面并对其进行编辑，如图9-15和图9-16所示。

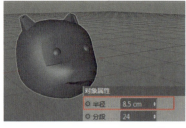  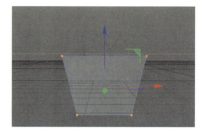

图9-14　　　　　　　　　　　　　　图9-15　　　　　　　　　　　　　　图9-16

11 选择平面的边并对其进行挤压，如图9-17所示。

12 将编辑好的平面放置在头部相应的位置，如图9-18所示。

13 创建一个立方体并对其使用"循环/路径切割"工具添加分段线，如图9-19所示。

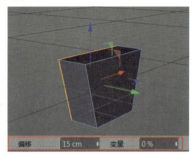 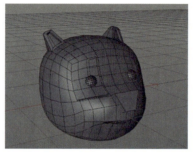 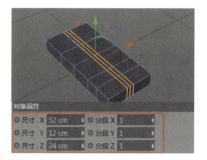

图9-17　　　　　　　　　　　　　　图9-18　　　　　　　　　　　　　　图9-19

14 将上一步创建的立方体进行旋转并编辑，如图9-20所示。至此，狗的头部完成。

15 将头部所有的元素进行细分，完成狗整个头部的建模，如图9-21所示。

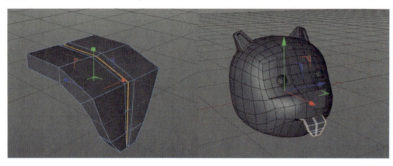 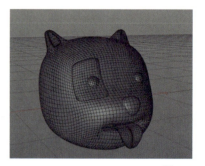

　　　　　　　　　　　　　　　　　　　　　　　　　　　图9-20　　　　　　　　　　　　　　图9-21

16 创建一个球体，设置球体的布线"类型"为"六面体"，"半径"为100cm，接着删除一半，如图9-22和图9-23所示。

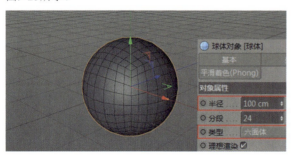 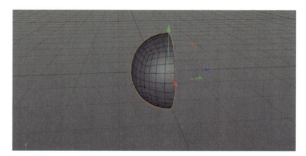

图9-22　　　　　　　　　　　　　　　　　　　　　图9-23

17 将半球体进行编辑，如图9-24所示。
18 将编辑好的半球体进行对称，如图9-25所示。
19 选择"面"工具，对选中的面进行挤压，如图9-26所示。

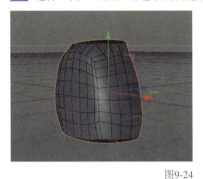 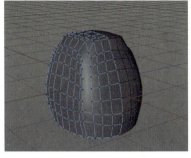 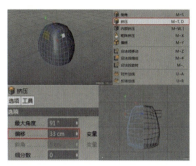

图9-24　　　　　　　　　　图9-25　　　　　　　　　　图9-26

20 对挤压出来的面进行编辑，如图9-27和图9-28所示。
21 选择面对其进行挤压，如图9-29所示。

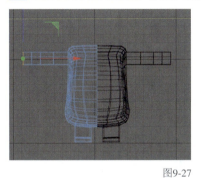 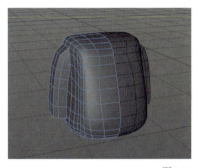 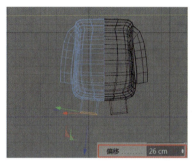

图9-27　　　　　　　　　　图9-28　　　　　　　　　　图9-29

22 使用"切刀"工具为腿部添加循环线，然后将切割后的面进行挤压，如图9-30和图9-31所示。

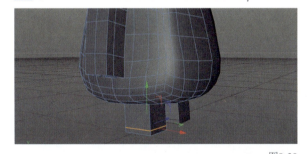 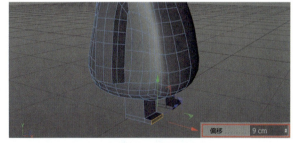

图9-30　　　　　　　　　　　　　　　　　　图9-31

23 创建一个立方体并对其进行切割，然后将其与前面制作的模型进行组合，如图9-32和图9-33所示。

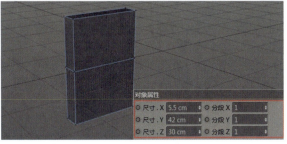 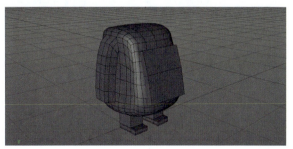

图9-32　　　　　　　　　　　　　　　　　　图9-33

24 对身体模型进行细分,然后与头部模型进行组合,如图9-34和图9-35所示。

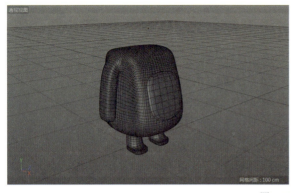

图9-34

图9-35

25 选择"管道"工具和"圆柱"工具继续丰富狗的模型,如图9-36所示。

26 绘制一条"螺旋"样条线并调整参数,如图9-37所示。

图9-36

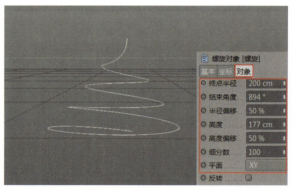

图9-37

27 绘制一个"半径"为8cm的圆形样条线,然后与上一步绘制的螺旋样条线进行扫描,如图9-38所示。

28 将扫描后的模型与狗的头身模型进行组合,萌萌狗模型创建完成,效果如图9-39所示。

图9-38

图9-39

9.1.2 舞台元素的创建

01 使用"文本"工具在场景中绘制文字样条线,然后对其进行挤压,如图9-40所示。

02 使用"圆柱"工具在场景中创建一个圆柱体,如图9-41所示。

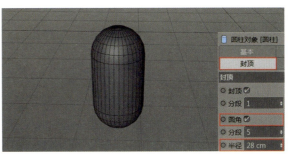

图9-40　　　　　　　　　　　　　　　　　　　　图9-41

03 创建一个圆柱体与上一步创建好的圆柱体进行组合，如图9-42所示。

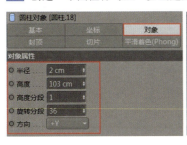

图9-42

04 将创建好的元素进行组合，背景的组合效果如图9-43所示。
05 将萌萌狗模型与背景进行组合，效果如图9-44所示。至此，萌萌狗海报场景中的模型创建完成。

图9-43　　　　　　　　　　　　　　　　　　　　图9-44

9.2　设置材质

本节制作场景中模型的材质，本案例需要制作萌萌狗和背景元素两部分的材质。

9.2.1　萌萌狗材质

01 创建空白材质，双击进入"材质编辑器"窗口，具体参数设置如图9-45和图9-46所示。
　　操作步骤
　　① 勾选"颜色"选项，设置"颜色"为（R:250,G:203,B:95），"亮度"为100%。
　　② 勾选"反射"选项，设置"类型"为GGX，"粗糙度"为10%，"亮度"为33%，"菲涅耳"为"绝缘体"，"预置"为"沥青"，"强度"为100%，"折射率（IOR）"为1.635。

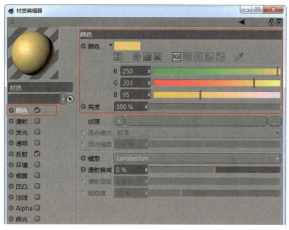

图9-45

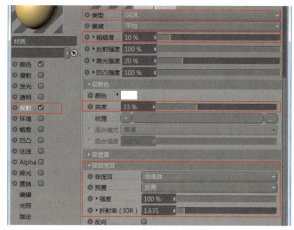

图9-46

02 新建空白材质，双击进入"材质编辑器"窗口，具体参数设置如图9-47和图9-48所示。

操作步骤

① 勾选"颜色"选项，设置"颜色"为（R:230,G:147,B:13），"亮度"为100%。

② 勾选"反射"选项，设置"类型"为GGX，"粗糙度"为10%，"亮度"为33%，"菲涅耳"为"绝缘体"，"预置"为"沥青"，"强度"为100%，"折射率（IOR）"为1.635。

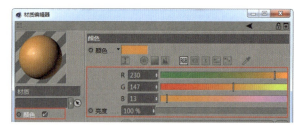

图9-47

03 新建空白材质，双击进入"材质编辑器"窗口，具体参数设置如图9-49和图9-50所示。

操作步骤

① 勾选"颜色"选项，设置"颜色"为（R:255,G:243,B:215），"亮度"为100%。

② 勾选"反射"选项，设置"类型"为GGX，"粗糙度"为10%，"亮度"为33%，"菲涅耳"为"绝缘体"，"预置"为"沥青"，"强度"为100%，"折射率（IOR）"为1.635。

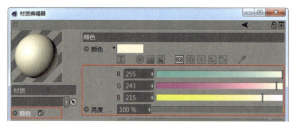

图9-49

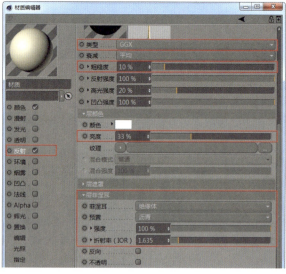

图9-50

04 新建空白材质，双击进入"材质编辑器"窗口，具体参数设置如图9-51和图9-52所示。

操作步骤

① 勾选"颜色"选项，设置"颜色"为（R:78,G:78,B:78），"亮度"为100%。

② 勾选"反射"选项，设置"类型"为GGX，"粗糙度"为10%，"亮度"为33%，"菲涅耳"为"绝缘体"，"预置"为"沥青"，"强度"为100%，"折射率（IOR）"为1.635。

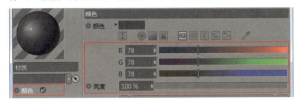

图9-51

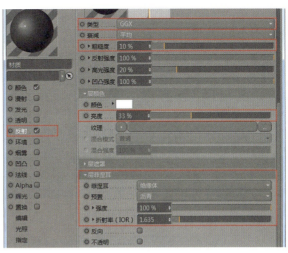

图9-52

05 新建空白材质，双击进入"材质编辑器"窗口，具体参数设置如图9-53和图9-54所示。

操作步骤

① 勾选"颜色"选项，设置"颜色"为（R:75,G:56,B:24），"亮度"为100%。

② 勾选"反射"选项，设置"类型"为GGX，"粗糙度"为10%，"亮度"为33%，"菲涅耳"为"绝缘体"，"预置"为"沥青"，"强度"为100%，"折射率（IOR）"为1.635。

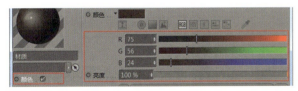

图9-53

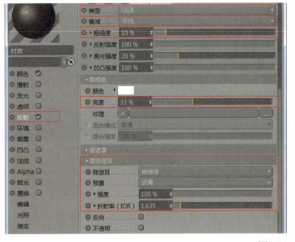

图9-54

9.2.2 背景元素材质

01 创建空白材质，双击进入"材质编辑器"窗口，具体参数设置如图9-55和图9-56所示。

操作步骤

① 勾选"颜色"选项，设置"颜色"为（R:230,G:147,B:13），"亮度"为100%。

② 勾选"反射"选项，设置"类型"为GGX，"粗糙度"为10%，"亮度"为33%，"菲涅耳"为"绝缘体"，"预置"为"沥青"，"强度"为100%，"折射率（IOR）"为1.635。

图9-55

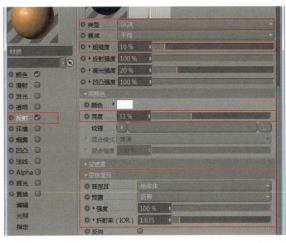

图9-56

02 创建空白材质，双击进入"材质编辑器"窗口，具体参数设置如图9-57和图9-58所示。

操作步骤

① 勾选"颜色"选项，设置"颜色"为（R:250,G:203,B:95），"亮度"为100%。

② 勾选"反射"选项，设置"类型"为GGX，"粗糙度"为10%，"亮度"为33%，"菲涅耳"为"绝缘体"，"预置"为"沥青"，"强度"为100%，"折射率（IOR）"为1.635。

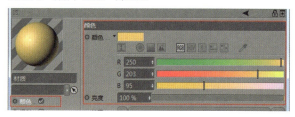

图9-57　　　　　　　　　　　　　　图9-58

03 创建空白材质，双击进入"材质编辑器"窗口，具体参数设置如图9-59和图9-60所示。

操作步骤

① 勾选"颜色"选项，设置"颜色"为（R:241,G:241,B:241），"亮度"为100%。

② 勾选"反射"选项，设置"类型"为GGX，"亮度"为45%，"菲涅耳"为"绝缘体"，"预置"为"沥青"，"强度"为100%，"折射率（IOR）"为1.635。

图9-59

04 将创建的材质赋予相应的模型，效果如图9-61所示。

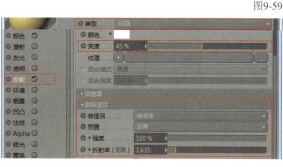

图9-60　　　　　　　　　　　　　　图9-61

9.3　添加灯光

本节为场景添加灯光，本场景需要创建一盏主光源和两盏辅助光源，位置如图9-62所示。

9.3.1　主光源

主光源的参数设置如图9-63所示。

第9章 卡通角色风格：萌萌狗海报

操作步骤

① 在"常规"选项卡中设置"颜色"为白色，"强度"为100%，"类型"为"区域光"，"投影"为"区域"。

② 在"细节"选项卡中设置"衰减"为"平方倒数（物理精度）"，"半径衰减"为500cm。

图9-62

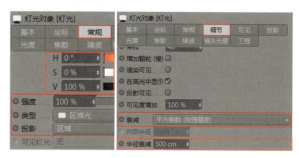

图9-63

9.3.2 辅助光源

场景旁边的辅助光源的参数设置如图9-64所示。

操作步骤

① 在"常规"选项卡中设置"颜色"为白色，"强度"为70%，"类型"为"区域光"，"投影"为"无"。

② 在"细节"选项卡中设置"衰减"为"平方倒数（物理精度）"。

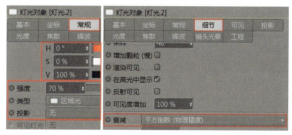

图9-64

9.4 设置环境

01 新建一个材质并创建一个天空，然后执行"窗口>内容浏览器"菜单命令，打开"内容浏览器"窗口，将预置材质"preset://Prime.lib4d/Presets/Light Setups/HDRI/tex/HDR013.hdr"直接拖曳到天空材质的"发光"通道中，如图9-65和图9-66所示。

图9-65

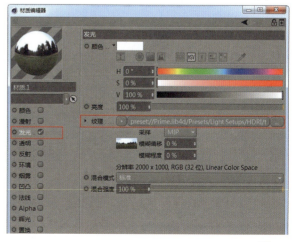

图9-66

233

02 拖曳天空材质赋予天空对象，然后按快捷键Ctrl+B打开"渲染设置"窗口，接着在"渲染设置"窗口中单击"效果"按钮，选择"全局光照"选项，如图9-67所示。

03 按快捷键Ctrl+R进行渲染，效果如图9-68所示。

图9-67 　　　　　　　　　　　　　　　　　　　　　　　　　　　　　图9-68

04 打开Photoshop，对渲染出来的效果图进行明暗对比调整，然后在画面中输入一些文字并进行简单的排版，最终效果如图9-69所示。

图9-69

第 10 章

创意折纸风格：牛奶海报

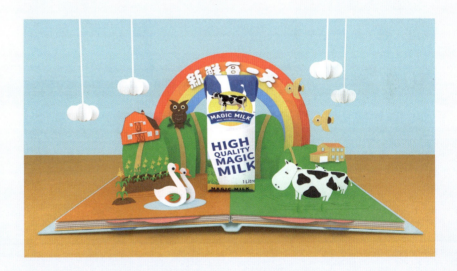

本章讲解牛奶海报的制作，案例最终效果如图10-1所示。

图10-1

- ◎ 视频名称　创意折纸风格：牛奶海报
- ◎ 实例位置　实例文件 >CH10> 创意折纸风格：牛奶海报
- ◎ 学习目标　掌握折纸风格模型、牛奶包装模型的制作方法，以及饮品海报场景氛围的营造方法

10.1 ▸ 主体模型的制作

在制作之前，对模型进行分析和拆分，以便在制作过程中有明确的思路。本案例场景中模型大概可以分为牛奶盒、舞台书籍和剪纸卡通区，分别如图10-2~图10-13所示。拆解完成后逐一对其进行建模。

图10-2

图10-3

图10-4

图10-5

图10-6

图10-7

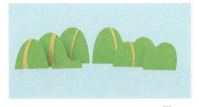
图10-8

图10-9

图10-10

图10-11

图10-12

图10-13

10.1.1 牛奶盒建模

01 创建一个立方体并使用"循环/路径切割"工具对其进行切割,如图10-14所示。
02 选中立方体的一半并删除,如图10-15所示。
03 对剩余的另一半立方体使用"对称"工具,如图10-16所示。

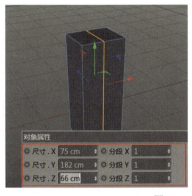
图10-14
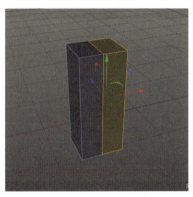
图10-15

图10-16

04 使用"循环/路径切割"工具对立方体进行切割,如图10-17所示。
05 选中面进行4次挤压,每次挤压的"偏移"都为15cm,然后对其进行变形编辑,如图10-18和图10-19所示。

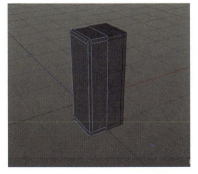
图10-17
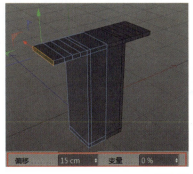
图10-18

图10-19

06 选择底部的面并对其进行4次挤压,每次挤压的"偏移"都为15cm,然后对其进行变形编辑,如图10-20和图10-21所示。

07 继续对底部的面进行编辑,如图10-22所示。

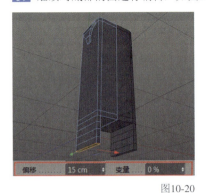
图10-20

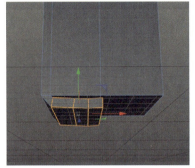
图10-21

图10-22

08 使用"循环/路径切割"工具继续切割立方体,如图10-23所示。

09 选中两个角点进行移动,如图10-24所示。

10 选中顶部的面进行挤压,如图10-25所示。

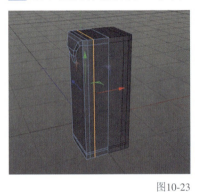
图10-23

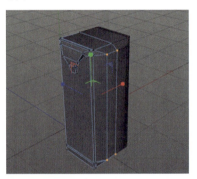
图10-24

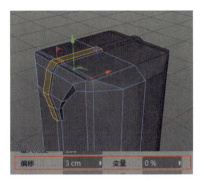
图10-25

11 对模型使用"细分曲面"命令,如图10-26所示。

12 使用"循环/路径切割"工具添加布线并调整,牛奶盒的模型创建完成,如图10-27所示。

图10-26

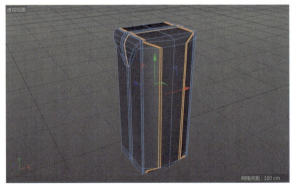
图10-27

10.1.2 舞台书籍建模

01 绘制一条样条线,添加点并进行编辑,如图10-28和图10-29所示。

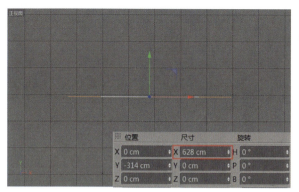
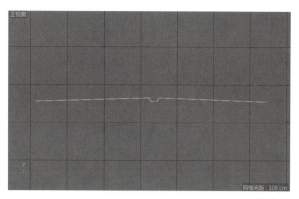

图10-28　　　　　　　　　　　　　　　　　　图10-29

02 将上一步绘制的样条线进行复制，然后进行放样，如图10-30和图10-31所示。

03 对放样后的平面使用"布料曲面"命令，并设置布料的"厚度"为-2cm，如图10-32所示。

图10-30　　　　　　　　　　图10-31　　　　　　　　　　图10-32

04 用"画笔"工具绘制一个样条线，然后对其进行放样，如图10-33和图10-34所示。

05 用同样的方法创建其他书页效果，如图10-35所示。

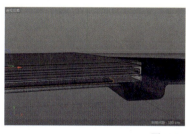

图10-33　　　　　　　　　　图10-34　　　　　　　　　　图10-35

06 绘制一个"宽度"为42cm，"高度"为94cm的矩形，然后将其进行倒角并复制组合，如图10-36所示。

07 将上一步组合好的样条线进行合并，然后对其进行挤压，如图10-37和图10-38所示。

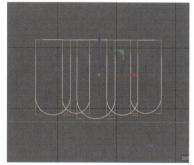
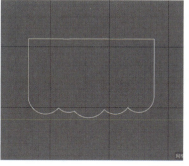
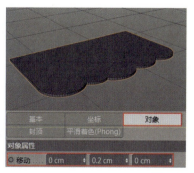

图10-36　　　　　　　　　　图10-37　　　　　　　　　　图10-38

08 将上一步挤压得到的模型放置在书页模型内部，如图10-39所示。

09 将步骤08的模型进行编组处理并对称，如图10-40所示。

10 绘制一条样条线，然后对其进行复制并放样，如图10-41和图10-42所示。

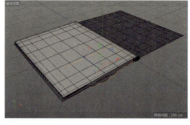
图10-39

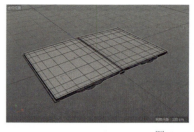
图10-40

11 将放样后的平面放置在模型最上方并进行组合，舞台书籍建模完成，如图10-43所示。

图10-41

图10-42

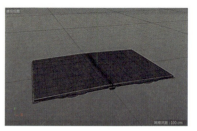
图10-43

10.1.3 剪纸卡通区建模

01 加载学习资源中的猫头鹰图片，选择"画笔"工具沿轮廓进行勾勒，如图10-44和图10-45所示。

02 对绘制好的样条线进行挤压，如图10-46所示。

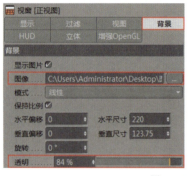
图10-44

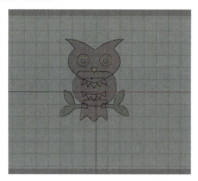
图10-45

图10-46

03 加载学习资源中的大鹅图片，选择"画笔"工具沿轮廓进行勾勒，并对绘制好的样条线进行挤压，如图10-47和图10-48所示。

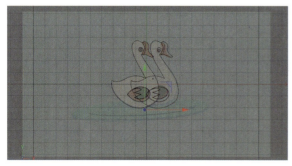
图10-47

图10-48

04 加载学习资源中的小鸟图片,选择"画笔"工具沿轮廓进行勾勒,并对绘制好的样条线进行挤压,如图10-49和图10-50所示。

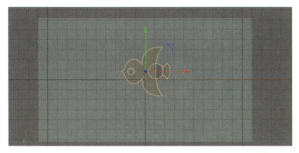

图10-49　　　　　　　　　　　　　　图10-50

05 加载学习资源中的彩虹及文字图片,选择"画笔"工具沿轮廓进行勾勒,并对绘制好的样条线进行挤压,如图10-51和图10-52所示。

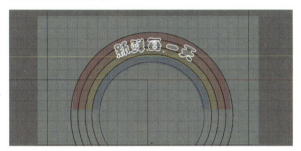

图10-51　　　　　　　　　　　　　　图10-52

06 加载学习资源中的奶牛图片,选择"画笔"工具沿轮廓进行勾勒,并对绘制好的样条线进行挤压,如图10-53和图10-54所示。

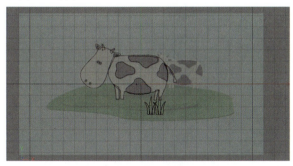

图10-53　　　　　　　　　　　　　　图10-54

07 加载学习资源中的山脉图片,选择"画笔"工具沿轮廓进行勾勒,并对绘制好的样条线进行挤压,如图10-55和图10-56所示。

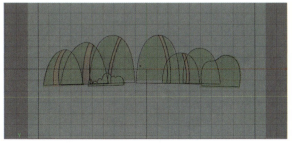
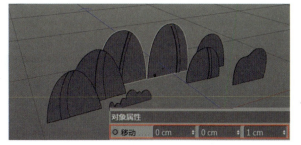

图10-55　　　　　　　　　　　　　　图10-56

08 加载学习资源中的房子图片,选择"画笔"工具沿轮廓进行勾勒,并对绘制好的样条线进行挤压,如图10-57~图10-60所示。

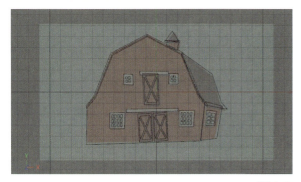
图10-57

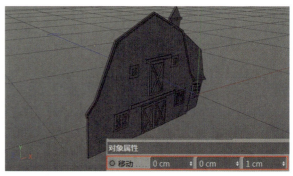
图10-58

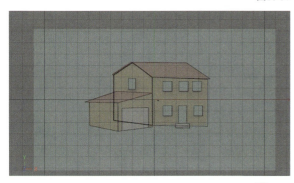
图10-59

图10-60

09 加载学习资源中的玉米图片,选择"画笔"工具沿轮廓进行勾勒,并对绘制好的样条线进行挤压,如图10-61和图10-62所示。

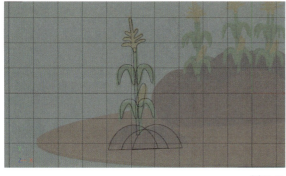
图10-61

图10-62

10 绘制圆环形样条线,然后复制并进行组合,如图10-63和图10-64所示。

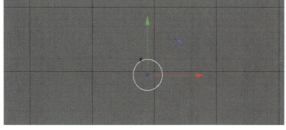
图10-63

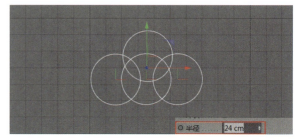
图10-64

11 将组合好的样条线进行"样条布尔"运算，然后进行挤压，如图10-65和图10-66所示。

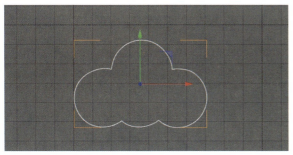
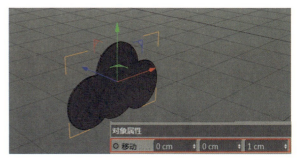

图10-65　　　　　　　　　　　　　　　　　　图10-66

12 创建一个圆柱体，然后将其与挤压后的几何体进行组合，如图10-67所示。

13 创建两个"宽度"为2141cm，"高度"为1198cm，"宽度分段"和"高度分段"都为20的平面，然后组合作为这个场景的舞台，接着将其与创建好的模型进行组合，如图10-68所示。至此，场景中的模型全部创建完成。

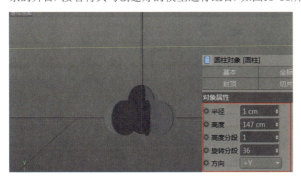

图10-67　　　　　　　　　　　　　　　　　　图10-68

10.2 设置材质

本节将创建场景中需要的材质。本案例需要创建牛奶盒包装、书籍和猫头鹰等的材质。

10.2.1 牛奶盒贴图材质

01 创建空白材质，双击进入"材质编辑器"窗口，具体参数设置如图10-69和图10-70所示。

操作步骤

① 勾选"颜色"选项，在"纹理"通道中加载学习资源中的"牛奶贴图-正面"贴图，设置"亮度"为100%。

② 勾选"反射"选项，设置"类型"为GGX，"衰减"为"平均"，"粗糙度"为0%，"颜色"为白色，"亮度"为39%，"菲涅耳"为"绝缘体"，"预置"为"沥青"，"强度"为100%，"折射率（IOR）"为1.635。

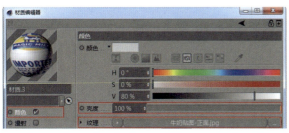
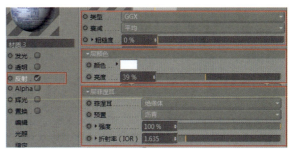

图10-69　　　　　　　　　　　　　　　　　　图10-70

02 创建空白材质，双击进入"材质编辑器"窗口，具体参数设置如图10-71和图10-72所示。

操作步骤

① 勾选"颜色"选项，在"纹理"通道中加载学习资源中的"牛奶贴图-反面"贴图，设置"亮度"为100%。

② 勾选"反射"选项，设置"类型"为GGX，"粗糙度"为0%，"颜色"为白色，"亮度"为39%，"菲涅耳"为"绝缘体"，"预置"为"沥青"，"强度"为100%，"折射率（IOR）"为1.635。

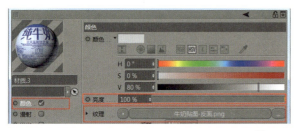

图10-71

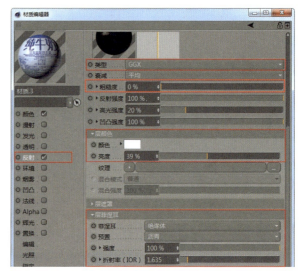

图10-72

10.2.2 牛奶盒包装材质

创建空白材质，双击进入"材质编辑器"窗口，具体参数设置如图10-73和图10-74所示。

操作步骤

① 勾选"颜色"选项，设置"颜色"为（R:33,G:99,B:202），"亮度"为100%。

② 勾选"反射"选项，设置"类型"为GGX，"粗糙度"为0%，"颜色"为白色，"亮度"为39%，"菲涅耳"为"绝缘体"，"预置"为"沥青"，"强度"为100%，"折射率（IOR）"为1.635。

图10-73

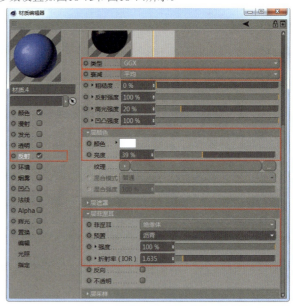

图10-74

10.2.3 书籍材质

01 创建空白材质，双击进入"材质编辑器"窗口，具体参数设置如图10-75和图10-76所示。

操作步骤

① 勾选"颜色"选项，设置"颜色"为（R:170,G:238,B:236），"亮度"为100%。

② 勾选"反射"选项，设置"类型"为GGX，"衰减"为"平均"，"粗糙度"为10%，"颜色"为白色，"亮度"为52%，"菲涅耳"为"绝缘体"，"预置"为"沥青"，"强度"为100%，"折射率（IOR）"为1.635。

图10-75

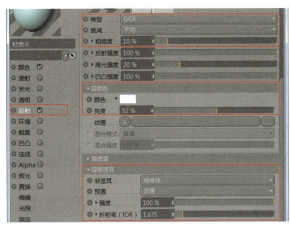

图10-76

02 创建空白材质,双击进入"材质编辑器"窗口,具体参数设置如图10-77和图10-78所示。

操作步骤

① 勾选"颜色"选项,设置"颜色"为(R:198,G:125,B:61),"亮度"为100%。

② 勾选"反射"选项,设置"类型"为GGX,"衰减"为"平均","粗糙度"为10%,"颜色"为白色,"亮度"为55%,"菲涅耳"为"绝缘体","预置"为"沥青","强度"为100%,"折射率(IOR)"为1.635。

图10-77

图10-78

03 创建空白材质,双击进入"材质编辑器"窗口,具体参数设置如图10-79和图10-80所示。

操作步骤

① 勾选"颜色"选项,设置"颜色"为(R:62,G:173,B:66),"亮度"为100%。

② 勾选"反射"选项,设置"类型"为GGX,"衰减"为"平均","粗糙度"为10%,"颜色"为白色,"亮度"为55%,"菲涅耳"为"绝缘体","预置"为"沥青","强度"为100%,"折射率(IOR)"为1.635。

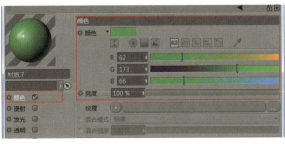

图10-79

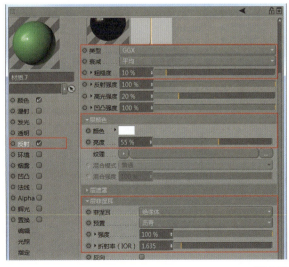

图10-80

04 创建空白材质,双击进入"材质编辑器"窗口,具体参数设置如图10-81和图10-82所示。

操作步骤

① 勾选"颜色"选项,设置"颜色"为(R:240,G:224,B:190),"亮度"为100%。

② 勾选"反射"选项,设置"类型"为GGX,"衰减"为"平均","粗糙度"为10%,"颜色"为白色,"亮度"为55%,"菲涅耳"为"绝缘体","预置"为"沥青","强度"为100%,"折射率"(IOR)"为1.635。

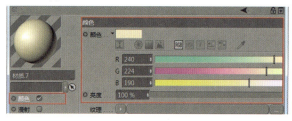

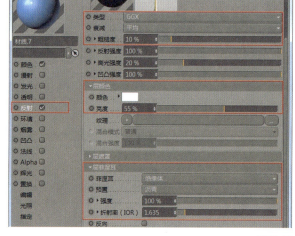

图10-81　　　　　　　　　　　　　　　　　　　　图10-82

05 创建空白材质,双击进入"材质编辑器"窗口,具体参数设置如图10-83和图10-84所示。

操作步骤

① 勾选"颜色"选项,设置"颜色"为(R:74,G:177,B:245),"亮度"为100%。

② 勾选"反射"选项,设置"类型"为GGX,"衰减"为"平均","粗糙度"为10%,"颜色"为白色,"亮度"为55%,"菲涅耳"为"绝缘体","预置"为"沥青","强度"为100%,"折射率"(IOR)"为1.635。

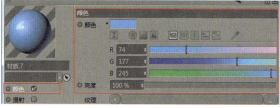

图10-83　　　　　　　　　　　　　　　　　　　　图10-84

06 创建空白材质,双击进入"材质编辑器"窗口,具体参数设置如图10-85和图10-86所示。

操作步骤

① 勾选"颜色"选项,设置"颜色"为(R:242,G:101,B:85),"亮度"为100%。

② 勾选"反射"选项,设置"类型"为GGX,"衰减"为"平均","粗糙度"为10%,"颜色"为白色,"亮度"为55%,"菲涅耳"为"绝缘体","预置"为"沥青","强度"为100%,"折射率"(IOR)"为1.635。

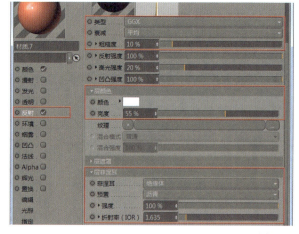

图10-85　　　　　　　　　　　　　　　　　　　　图10-86

10.2.4 猫头鹰材质

01 创建空白材质，双击进入"材质编辑器"窗口，具体参数设置如图10-87和图10-88所示。

操作步骤

① 勾选"颜色"选项，设置"颜色"为（R:118,G:91,B:71），"亮度"为100%。

② 勾选"反射"选项，设置"类型"为GGX，"衰减"为"平均"，"粗糙度"为10%，"颜色"为白色，"亮度"为55%，"菲涅耳"为"绝缘体"，"预置"为"沥青"，"强度"为100%，"折射率（IOR）"为1.635。

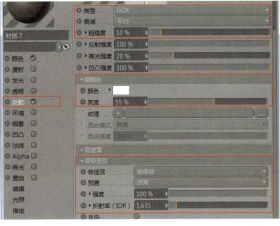

图10-87　　　　　　　　　　　　　　　　　　图10-88

02 创建空白材质，双击进入"材质编辑器"窗口，具体参数设置如图10-89和图10-90所示。

操作步骤

① 勾选"颜色"选项，设置"颜色"为（R:149,G:117,B:94），"亮度"为100%。

② 勾选"反射"选项，设置"类型"为GGX，"衰减"为"平均"，"粗糙度"为10%，"颜色"为白色，"亮度"为55%，"菲涅耳"为"绝缘体"，"预置"为"沥青"，"强度"为100%，"折射率（IOR）"为1.635。

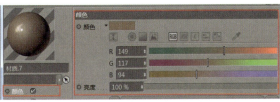

图10-89　　　　　　　　　　　　　　　　　　图10-90

03 创建空白材质，双击进入"材质编辑器"窗口，具体参数设置如图10-91和图10-92所示。

操作步骤

① 勾选"颜色"选项，设置"颜色"为（R:232,G:194,B:111），"亮度"为100%。

② 勾选"反射"选项，设置"类型"为GGX，"衰减"为"平均"，"粗糙度"为10%，"颜色"为白色，"亮度"为55%，"菲涅耳"为"绝缘体"，"预置"为"沥青"，"强度"为100%，"折射率（IOR）"为1.635。

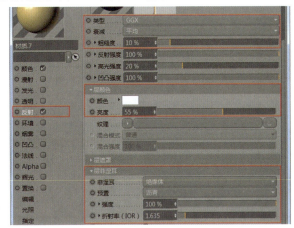

图10-91　　　　　　　　　　　　　　　　　　图10-92

04 创建空白材质，双击进入"材质编辑器"窗口，具体参数设置如图10-93和图10-94所示。

操作步骤

① 勾选"颜色"选项，设置"颜色"为（R:78,G:74,B:71），"亮度"为100%。

② 勾选"反射"选项，设置"类型"为GGX，"衰减"为"平均"，"粗糙度"为10%，"颜色"为白色，"亮度"为55%，"菲涅耳"为"绝缘体"，"预置"为"沥青"，"强度"为100%，"折射率（IOR）"为1.635。

图10-93

图10-94

05 创建空白材质，双击进入"材质编辑器"窗口，具体参数设置如图10-95和图10-96所示。

操作步骤

① 勾选"颜色"选项，设置"颜色"为（R:24,G:149,B:51），"亮度"为100%。

② 勾选"反射"选项，设置"类型"为GGX，"衰减"为"平均"，"粗糙度"为10%，"颜色"为白色，"亮度"为55%，"菲涅耳"为"绝缘体"，"预置"为"沥青"，"强度"为100%，"折射率（IOR）"为1.635。

图10-95　　　　　　　　　　　　　　　　　　图10-96

06 创建空白材质，双击进入"材质编辑器"窗口，具体参数设置如图10-97和图10-98所示。

操作步骤

① 勾选"颜色"选项，设置"颜色"为（R:255,G:255,B:255），"亮度"为100%。

② 勾选"反射"选项，设置"类型"为GGX，"衰减"为"平均"，"粗糙度"为0%，"颜色"为白色，"亮度"为100%，"菲涅耳"为"绝缘体"，"预置"为"沥青"，"强度"为100%，"折射率（IOR）"为1.635。

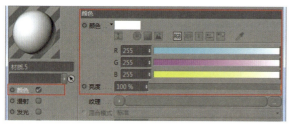

图10-97　　　　　　　　　　　　　　　　　　图10-98

10.2.5 大鹅材质

01 创建空白材质,双击进入"材质编辑器"窗口,具体参数设置如图10-99和图10-100所示。

操作步骤

① 勾选"颜色"选项,设置"颜色"为(R:124,G:231,B:255),"亮度"为100%。

② 勾选"反射"选项,设置"类型"为GGX,"衰减"为"平均","粗糙度"为10%,"颜色"为白色,"亮度"为55%,"菲涅耳"为"绝缘体","预置"为"沥青","强度"为100%,"折射率(IOR)"为1.635。

图10-99

图10-100

02 创建空白材质,双击进入"材质编辑器"窗口,具体参数设置如图10-101和图10-102所示。

操作步骤

① 勾选"颜色"选项,设置"颜色"为(R:24,G:149,B:51),"亮度"为100%。

② 勾选"反射"选项,设置"类型"为GGX,"衰减"为"平均","粗糙度"为10%,"颜色"为白色,"亮度"为55%,"菲涅耳"为"绝缘体","预置"为"沥青","强度"为100%,"折射率(IOR)"为1.635。

图10-101

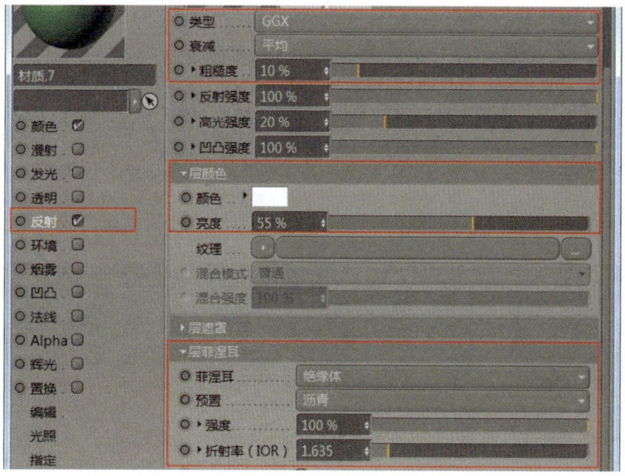

图10-102

03 创建空白材质,双击进入"材质编辑器"窗口,具体参数设置如图10-103和图10-104所示。

操作步骤

① 勾选"颜色"选项,设置"颜色"为(R:74,G:74,B:74),"亮度"为100%。

② 勾选"反射"选项,设置"类型"为GGX,"衰减"为"平均","粗糙度"为10%,"颜色"为白色,"亮度"为55%,"菲涅耳"为"绝缘体","预置"为"沥青","强度"为100%,"折射率(IOR)"为1.635。

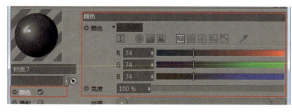

图10-103

图10-104

04 创建空白材质，双击进入"材质编辑器"窗口，具体参数设置如图10-105和图10-106所示。

操作步骤

① 勾选"颜色"选项，设置"颜色"为（R:255,G:129,B:32），"亮度"为100%。

② 勾选"反射"选项，设置"类型"为GGX，"衰减"为"平均"，"粗糙度"为10%，"颜色"为白色，"亮度"为55%，"菲涅耳"为"绝缘体"，"预置"为"沥青"，"强度"为100%，"折射率（IOR）"为1.635。

图10-105

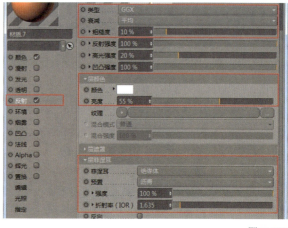

图10-106

05 创建空白材质，双击进入"材质编辑器"窗口，具体参数设置如图10-107和图10-108所示。

操作步骤

① 勾选"颜色"选项，设置"颜色"为（R:255,G:255,B:255），"亮度"为100%。

② 勾选"反射"选项，设置"类型"为GGX，"衰减"为"平均"，"粗糙度"为0%，"颜色"为白色，"亮度"为100%，"菲涅耳"为"绝缘体"，"预置"为"沥青"，"强度"为100%，"折射率（IOR）"为1.635。

图10-107

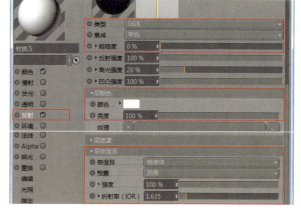

图10-108

10.2.6 小鸟材质

01 创建空白材质，双击进入"材质编辑器"窗口，具体参数设置如图10-109和图10-110所示。

操作步骤

① 勾选"颜色"选项，设置"颜色"为（R:198,G:125,B:61），"亮度"为100%。

② 勾选"反射"选项，设置"类型"为GGX，"衰减"为"平均"，"粗糙度"为10%，"颜色"为白色，"亮度"为55%，"菲涅耳"为"绝缘体"，"预置"为"沥青"，"强度"为100%，"折射率（IOR）"为1.635。

图10-109

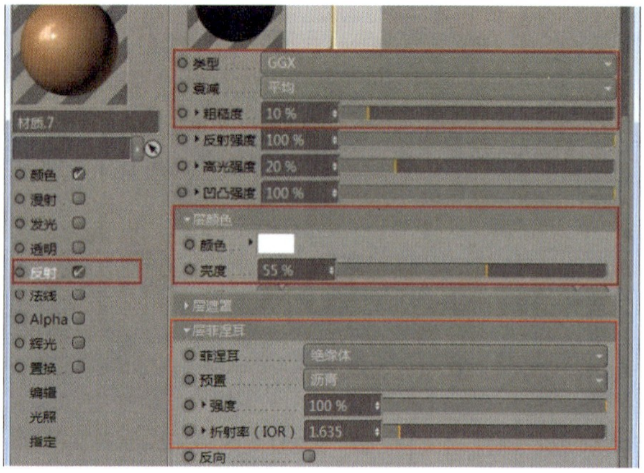

图10-110

02 创建空白材质,双击进入"材质编辑器"窗口,具体参数设置如图10-111和图10-112所示。

操作步骤

① 勾选"颜色"选项,设置"颜色"为(R:230,G:230,B:230),"亮度"为100%。

② 勾选"反射"选项,设置"类型"为GGX,"衰减"为"平均","粗糙度"为10%,"颜色"为白色,"亮度"为55%,"菲涅耳"为"绝缘体","预置"为"沥青","强度"为100%,"折射率(IOR)"为1.635。

图10-111

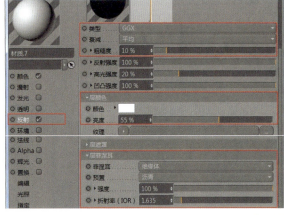

图10-112

03 创建空白材质,双击进入"材质编辑器"窗口,具体参数设置如图10-113和图10-114所示。

操作步骤

① 勾选"颜色"选项,设置"颜色"为(R:232,G:194,B:111),"亮度"为100%。

② 勾选"反射"选项,设置"类型"为GGX,"衰减"为"平均","粗糙度"为10%,"颜色"为白色,"亮度"为55%,"菲涅耳"为"绝缘体","预置"为"沥青","强度"为100%,"折射率(IOR)"为1.635。

图10-113

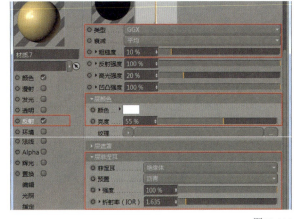

图10-114

10.2.7 彩虹材质

01 创建空白材质,双击进入"材质编辑器"窗口,具体参数设置如图10-115和图10-116所示。

操作步骤

① 勾选"颜色"选项,设置"颜色"为(R:230,G:230,B:230),"亮度"为100%。

② 勾选"反射"选项,设置"类型"为GGX,"衰减"为"平均","粗糙度"为10%,"颜色"为白色,"亮度"为55%,"菲涅耳"为"绝缘体","预置"为"沥青","强度"为100%,"折射率(IOR)"为1.635。

图10-115

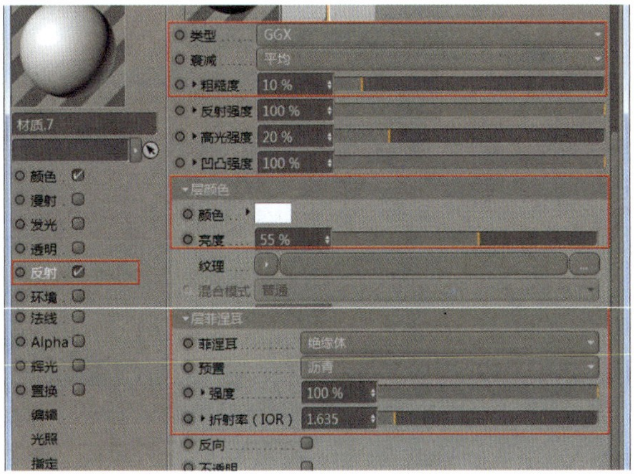

图10-116

02 创建空白材质，双击进入"材质编辑器"窗口，具体参数设置如图10-117和图10-118所示。

操作步骤

① 勾选"颜色"选项，设置"颜色"为（R:34,G:174,B:255），"亮度"为100%。

② 勾选"反射"选项，设置"类型"为GGX，"衰减"为"平均"，"粗糙度"为10%，"颜色"为白色，"亮度"为55%，"菲涅耳"为"绝缘体"，"预置"为"沥青"，"强度"为100%，"折射率（IOR）"为1.635。

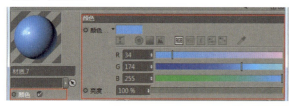

图10-117　　　　　　　　　　图10-118

03 创建空白材质，双击进入"材质编辑器"窗口，具体参数设置如图10-119和图10-120所示。

操作步骤

① 勾选"颜色"选项，设置"颜色"为（R:255,G:218,B:31），"亮度"为100%。

② 勾选"反射"选项，设置"类型"为GGX，"衰减"为"平均"，"粗糙度"为10%，"颜色"为白色，"亮度"为55%，"菲涅耳"为"绝缘体"，"预置"为"沥青"，"强度"为100%，"折射率（IOR）"为1.635。

图10-119　　　　　　　　　　图10-120

04 创建空白材质，双击进入"材质编辑器"窗口，具体参数设置如图10-121和图10-122所示。

操作步骤

① 勾选"颜色"选项，设置"颜色"为（R:255,G:129,B:32），"亮度"为100%。

② 勾选"反射"选项，设置"类型"为GGX，"衰减"为"平均"，"粗糙度"为10%，"颜色"为白色，"亮度"为55%，"菲涅耳"为"绝缘体"，"预置"为"沥青"，"强度"为100%，"折射率（IOR）"为1.635。

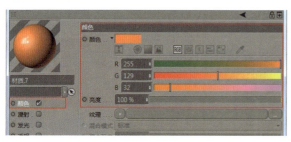

图10-121　　　　　　　　　　图10-122

05 创建空白材质，双击进入"材质编辑器"窗口，具体参数设置如图10-123和图10-124所示。

操作步骤

① 勾选"颜色"选项，设置"颜色"为（R:248,G:68,B:68），"亮度"为100%。

② 勾选"反射"选项，设置"类型"为GGX，"衰减"为"平均"，"粗糙度"为10%，"颜色"为白色，"亮度"为55%，"菲涅耳"为"绝缘体"，"预置"为"沥青"，"强度"为100%，"折射率（IOR）"为1.635。

图10-123

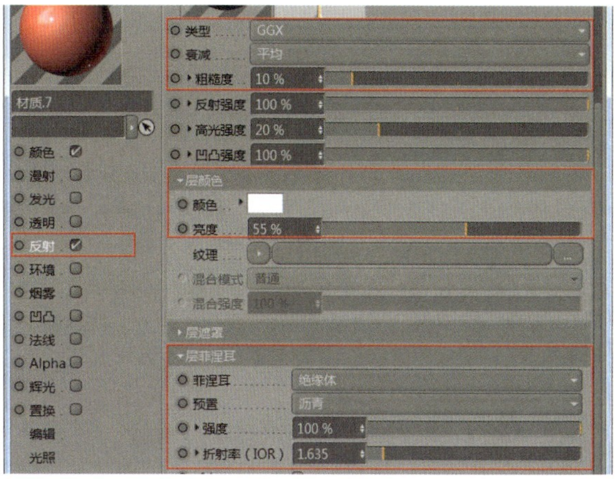

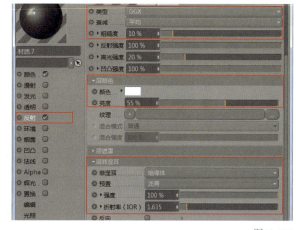

图10-124

06 创建空白材质，双击进入"材质编辑器"窗口，具体参数设置如图10-125和图10-126所示。

操作步骤

① 勾选"颜色"选项，设置"颜色"为（R:59,G:59,B:59），"亮度"为100%。

② 勾选"反射"选项，设置"类型"为GGX，"衰减"为"平均"，"粗糙度"为10%，"颜色"为白色，"亮度"为55%，"菲涅耳"为"绝缘体"，"预置"为"沥青"，"强度"为100%，"折射率（IOR）"为1.635。

图10-125

图10-126

07 创建空白材质，双击进入"材质编辑器"窗口，具体参数设置如图10-127和图10-128所示。

操作步骤

① 勾选"颜色"选项，设置"颜色"为（R:124,G:205,B:73），"亮度"为100%。

② 勾选"反射"选项，设置"类型"为GGX，"衰减"为"平均"，"粗糙度"为10%，"颜色"为白色，"亮度"为55%，"菲涅耳"为"绝缘体"，"预置"为"沥青"，"强度"为100%，"折射率（IOR）"为1.635。

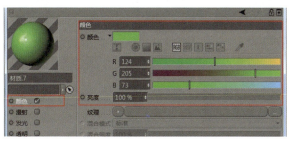

图10-127

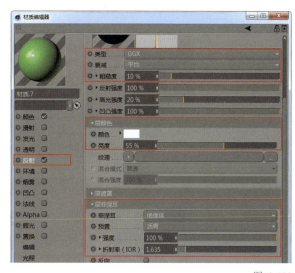

图10-128

08 创建空白材质，双击进入"材质编辑器"窗口，具体参数设置如图10-129和图10-130所示。

操作步骤

① 勾选"颜色"选项，设置"颜色"为（R:230,G:230,B:230），"亮度"为100%。

② 勾选"反射"选项，设置"类型"为GGX，"衰减"为"平均"，"粗糙度"为10%，"颜色"为白色，"亮度"为55%，"菲涅耳"为"绝缘体"，"预置"为"沥青"，"强度"为100%，"折射率（IOR）"为1.635。

图10-129

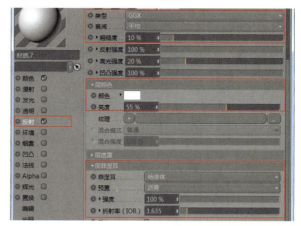

图10-130

10.2.8 山脉材质

01 创建空白材质，双击进入"材质编辑器"窗口，具体参数设置如图10-131和图10-132所示。

操作步骤

① 勾选"颜色"选项，设置"颜色"为（R:229,G:188,B:100），"亮度"为100%。

② 勾选"反射"选项，设置"类型"为GGX，"衰减"为"平均"，"粗糙度"为10%，"颜色"为白色，"亮度"为55%，"菲涅耳"为"绝缘体"，"预置"为"沥青"，"强度"为100%，"折射率（IOR）"为1.635。

图10-131

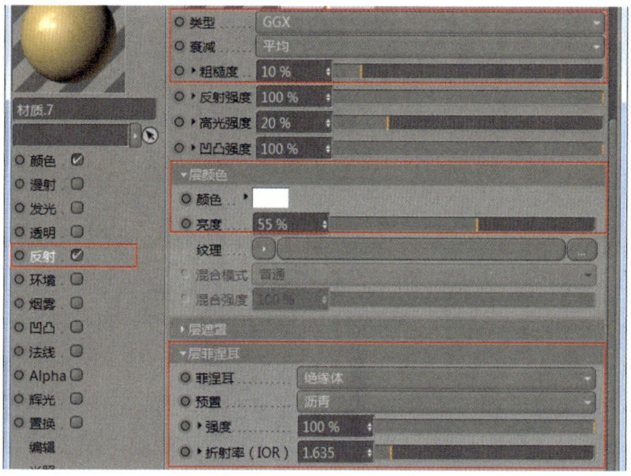

图10-132

02 创建空白材质，双击进入"材质编辑器"窗口，具体参数设置如图10-133和图10-134所示。

操作步骤

① 勾选"颜色"选项，设置"颜色"为（R:128,G:208,B:97），"亮度"为100%。

② 勾选"反射"选项，设置"类型"为GGX，"衰减"为"平均"，"粗糙度"为10%，"颜色"为白色，"亮度"为55%，"菲涅耳"为"绝缘体"，"预置"为"沥青"，"强度"为100%，"折射率（IOR）"为1.635。

图10-133

图10-134

10.2.9 房屋材质

01 创建空白材质，双击进入"材质编辑器"窗口，具体参数设置如图10-135和图10-136所示。

操作步骤

① 勾选"颜色"选项，设置"颜色"为（R:224,G:106,B:37），"亮度"为100%。

② 勾选"反射"选项，设置"类型"为GGX，"衰减"为"平均"，"粗糙度"为10%，"颜色"为白色，"亮度"为55%，"菲涅耳"为"绝缘体"，"预置"为"沥青"，"强度"为100%，"折射率（IOR）"为1.635。

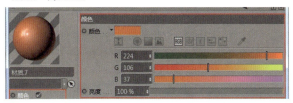

图10-135　　　　　　　　　　　　　　　　图10-136

02 创建空白材质，双击进入"材质编辑器"窗口，具体参数设置如图10-137和图10-138所示。

操作步骤

① 勾选"颜色"选项，设置"颜色"为（R:173,G:80,B:26），"亮度"为100%。

② 勾选"反射"选项，设置"类型"为GGX，"衰减"为"平均"，"粗糙度"为10%，"颜色"为白色，"亮度"为55%，"菲涅耳"为"绝缘体"，"预置"为"沥青"，"强度"为100%，"折射率（IOR）"为1.635。

图10-137　　　　　　　　　　　　　　　　图10-138

03 创建空白材质，双击进入"材质编辑器"窗口，具体参数设置如图10-139和图10-140所示。

操作步骤

① 勾选"颜色"选项，设置"颜色"为（R:118,G:91,B:71），"亮度"为100%。

② 勾选"反射"选项，设置"类型"为GGX，"衰减"为"平均"，"粗糙度"为10%，"颜色"为白色，"亮度"为55%，"菲涅耳"为"绝缘体"，"预置"为"沥青"，"强度"为100%，"折射率（IOR）"为1.635。

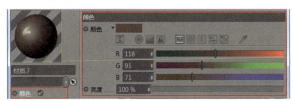

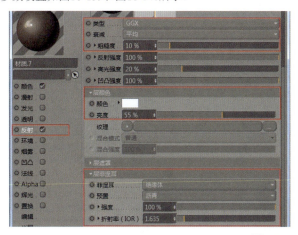

图10-139　　　　　　　　　　　　　　　　图10-140

04 创建空白材质，双击进入"材质编辑器"窗口，具体参数设置如图10-141和图10-142所示。

操作步骤

① 勾选"颜色"选项，设置"颜色"为（R:230,G:230,B:230），"亮度"为100%。

② 勾选"反射"选项，设置"类型"为GGX，"衰减"为"平均"，"粗糙度"为10%，"颜色"为白色，"亮度"为55%，"菲涅耳"为"绝缘体"，"预置"为"沥青"，"强度"为100%，"折射率（IOR）"为1.635。

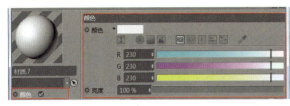

图10-141　　　　　　　　　　　　　　　图10-142

05 创建空白材质，双击进入"材质编辑器"窗口，具体参数设置如图10-143和图10-144所示。

操作步骤

① 勾选"颜色"选项，设置"颜色"为（R:181,G:245,B:255），"亮度"为100%。

② 勾选"反射"选项，设置"类型"为GGX，"衰减"为"平均"，"粗糙度"为10%，"颜色"为白色，"亮度"为55%，"菲涅耳"为"绝缘体"，"预置"为"沥青"，"强度"为100%，"折射率（IOR）"为1.635。

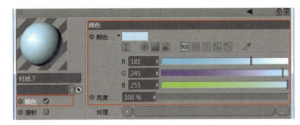
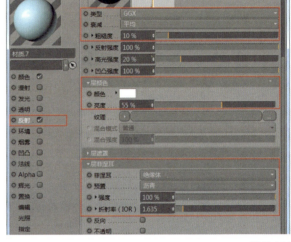

图10-143　　　　　　　　　　　　　　　图10-144

06 创建空白材质，双击进入"材质编辑器"窗口，具体参数设置如图10-145和图10-146所示。

操作步骤

① 勾选"颜色"选项，设置"颜色"为（R:232,G:194,B:111），"亮度"为100%。

② 勾选"反射"选项，设置"类型"为GGX，"衰减"为"平均"，"粗糙度"为10%，"颜色"为白色，"亮度"为55%，"菲涅耳"为"绝缘体"，"预置"为"沥青"，"强度"为100%，"折射率（IOR）"为1.635。

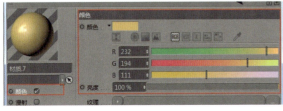

图10-145　　　　　　　　　　　　　　　图10-146

07 创建空白材质,双击进入"材质编辑器"窗口,具体参数设置如图10-147和图10-148所示。

操作步骤

① 勾选"颜色"选项,设置"颜色"为(R:242,G:143,B:100),"亮度"为100%。

② 勾选"反射"选项,设置"类型"为GGX,"衰减"为"平均","粗糙度"为10%,"颜色"为白色,"亮度"为55%,"菲涅耳"为"绝缘体","预置"为"沥青","强度"为100%,"折射率(IOR)"为1.635。

图10-147

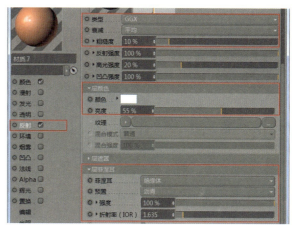

图10-148

10.2.10 玉米材质

01 创建空白材质,双击进入"材质编辑器"窗口,具体参数设置如图10-149和图10-150所示。

操作步骤

① 勾选"颜色"选项,设置"颜色"为(R:162,G:97,B:41),"亮度"为100%。

② 勾选"反射"选项,设置"类型"为GGX,"衰减"为"平均","粗糙度"为10%,"颜色"为白色,"亮度"为55%,"菲涅耳"为"绝缘体","预置"为"沥青","强度"为100%,"折射率(IOR)"为1.635。

图10-149

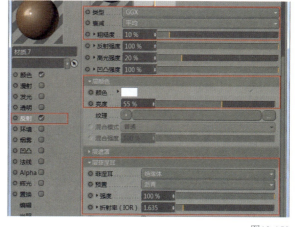

图10-150

02 创建空白材质,双击进入"材质编辑器"窗口,具体参数设置如图10-151和图10-152所示。

操作步骤

① 勾选"颜色"选项,设置"颜色"为(R:198,G:125,B:61),"亮度"为100%。

② 勾选"反射"选项,设置"类型"为GGX,"衰减"为"平均","粗糙度"为10%,"颜色"为白色,"亮度"为55%,"菲涅耳"为"绝缘体","预置"为"沥青","强度"为100%,"折射率(IOR)"为1.635。

图10-151

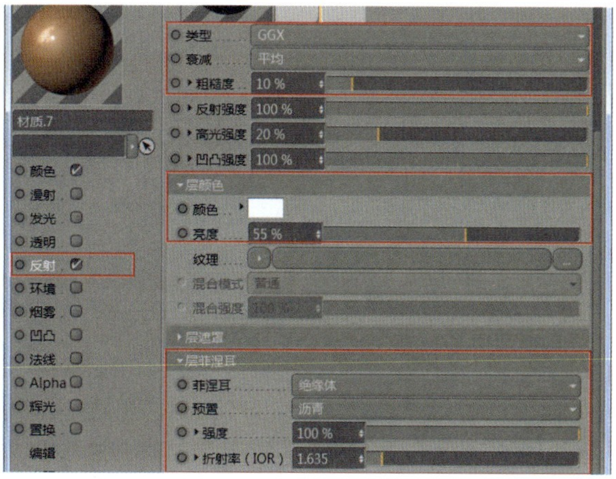

图10-152

03 创建空白材质,双击进入"材质编辑器"窗口,具体参数设置如图10-153和图10-154所示。

操作步骤

① 勾选"颜色"选项,设置"颜色"为(R:241,G:198,B:42),"亮度"为100%。

② 勾选"反射"选项,设置"类型"为GGX,"衰减"为"平均","粗糙度"为10%,"颜色"为白色,"亮度"为55%,"菲涅耳"为"绝缘体","预置"为"沥青","强度"为100%,"折射率(IOR)"为1.635。

图10-153　　　　　　　　　　　　　　　　　　　图10-154

04 创建空白材质,双击进入"材质编辑器"窗口,具体参数设置如图10-155和图10-156所示。

操作步骤

① 勾选"颜色"选项,设置"颜色"为(R:128,G:208,B:97),"亮度"为100%。

② 勾选"反射"选项,设置"类型"为GGX,"衰减"为"平均","粗糙度"为10%,"颜色"为白色,"亮度"为55%,"菲涅耳"为"绝缘体","预置"为"沥青","强度"为100%,"折射率(IOR)"为1.635。

图10-155　　　　　　　　　　　　　　　　　　　图10-156

10.2.11 云彩材质

创建空白材质,双击进入"材质编辑器"窗口,具体参数设置如图10-157和图10-158所示。

操作步骤

① 勾选"颜色"选项,设置"颜色"为(R:255,G:255,B:255),"亮度"为100%。

② 勾选"反射"选项,设置"类型"为GGX,"衰减"为"平均","粗糙度"为0%,"颜色"为白色,"亮度"为100%,"菲涅耳"为"绝缘体","预置"为"沥青","强度"为100%,"折射率(IOR)"为1.635。

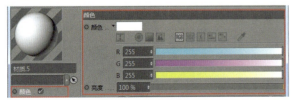
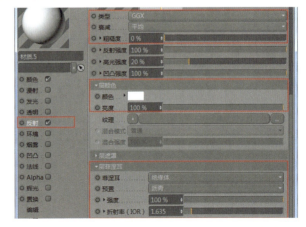

图10-157　　　　　　　　　　　　　　　　　　　图10-158

10.3 添加灯光

本节为场景添加灯光，本案例需要创建一盏主光源和两盏辅助光源，位置如图10-159所示。

10.3.1 主光源

在当前场景正前方添加一盏区域灯光，设置灯光参数，如图10-160所示。

操作步骤

① 在"常规"选项卡中设置"颜色"为白色，"强度"为50%，"类型"为"区域光"，"投影"为"光线跟踪（强烈）"。

② 在"细节"选项卡中设置"衰减"为"平方倒数（物理精度）"，"半径衰减"为377.5cm。

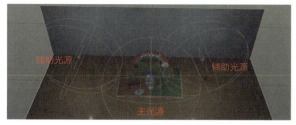

图10-159

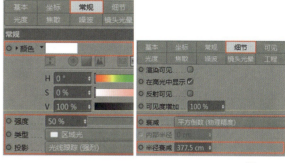

图10-160

10.3.2 辅助光源

在当前场景两边各添加一盏区域灯光，设置灯光参数，如图10-161所示。

操作步骤

① 在"常规"选项卡中设置"颜色"为白色，"强度"为50%，"类型"为"区域光"，"投影"为"无"。

② 在"细节"选项卡中设置"衰减"为"平方倒数（物理精度）"，"半径衰减"为377.5cm。

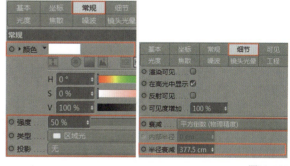

图10-161

10.4 设置环境

01 新建一个材质并创建一个天空，然后执行"窗口>内容浏览器"菜单命令，打开"内容浏览器"窗口，将预置材质"preset://Prime.lib4d/Presets/Light Setups/HDRI/HDR008.hdr"直接拖曳到天空材质的"发光"通道中，如图10-162和图10-163所示。

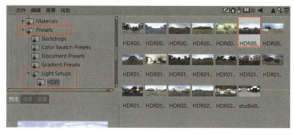

图10-162

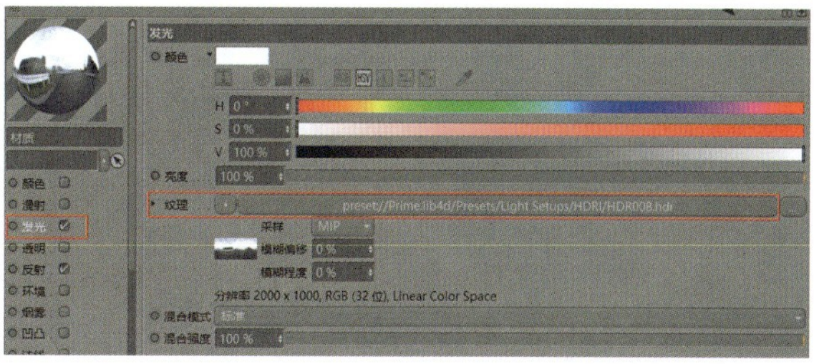

图10-163

02 拖曳天空材质赋予天空对象，按快捷键Ctrl+B打开"渲染设置"窗口，在"渲染设置"窗口中单击"效果"按钮，选择"全局光照"选项，如图10-164所示。

03 按快捷键Ctrl+R进行渲染，效果如图10-165所示。

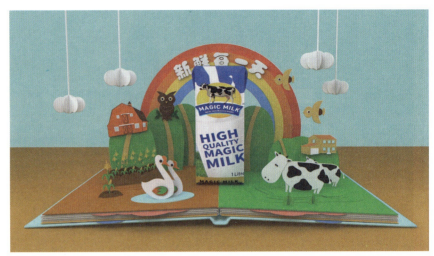

图10-164　　　　　　　　　　　　　　　　　　　　　　　　　　　图10-165

04 打开Photoshop，对渲染出来的效果图进行明暗对比调整，最终效果如图10-166所示。

图10-166

第 11 章

创意科幻风格：星球海报

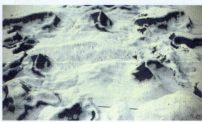

本章讲解星球海报的制作，案例最终效果如图11-1所示。

图11-1

◎ 视频名称　创意科幻风格：星球海报
◎ 实例位置　实例文件 >CH11> 创意科幻风格：星球海报
◎ 学习目标　掌握创意科幻风格海报的制作方法

11.1 主体模型的制作

在制作之前，对模型进行分析和拆分，以便在制作过程中有明确的思路。本案例场景中模型大概可以分为抽象几何体和雪山两部分，分别如图11-2～图11-4所示。拆解完成后逐一对其进行建模。

图11-2

图11-3

图11-4

11.1.1 抽象几何体的创建

01 创建一个球体，设置"类型"为"半球体"，如图11-5所示。
02 将半球体转换为可编辑的对象，然后选中所有的面对其进行挤压，如图11-6所示。

第11章 创意科幻风格：星球海报

图11-5

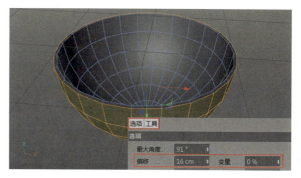

图11-6

03 复制半球体，如图11-7所示。
04 为复制的模型添加"步幅"效果器，如图11-8所示。

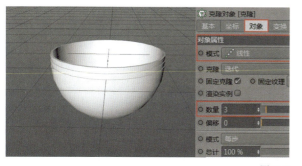

图11-7

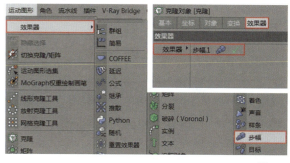

图11-8

05 调整"步幅"的相关参数，如图11-9所示。
06 创建一个球体，然后将其与上一步创建的模型进行组合，如图11-10和图11-11所示。
07 复制球体，为其加载"晶格"生成器，如图11-12所示。

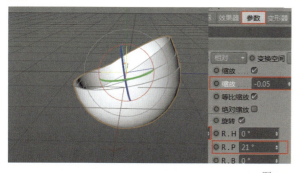

图11-9

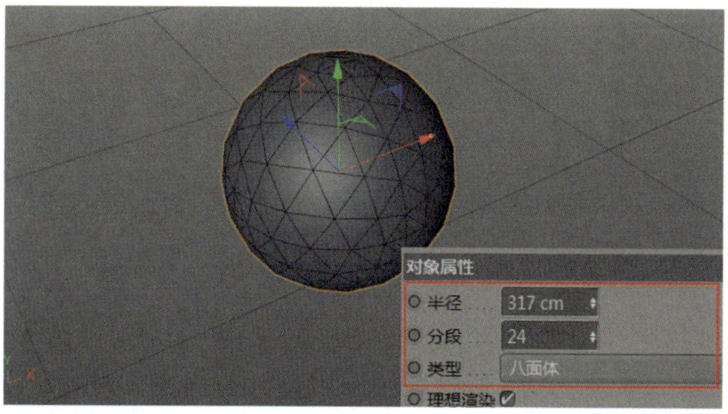

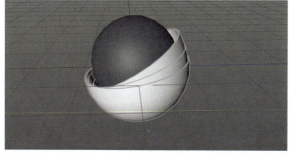

图11-10

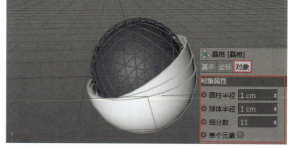

图11-11

图11-12

08 创建一个立方体,并对其进行复制,如图11-13和图11-14所示。

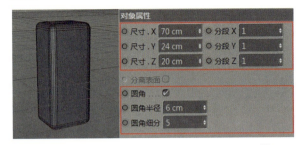

图11-13

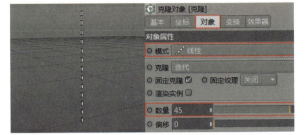

图11-14

09 创建一个"圆环"对象,如图11-15所示。

10 使用"样条约束"工具将复制的立方体和样条约束进行编组,然后将"圆环"样条线放置在样条约束的"样条"属性中,如图11-16所示。

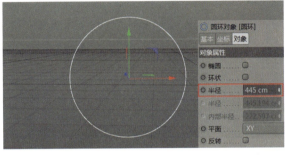

图11-15　　图11-16

11 将创建好的立方体与球体进行拼合,然后复制两组,如图11-17所示。

12 创建一个球体并对其进行复制,如图11-18和图11-19所示。

13 将创建好的模型进行组合和复制,如图11-20所示。

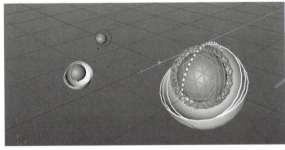

图11-17　　图11-18

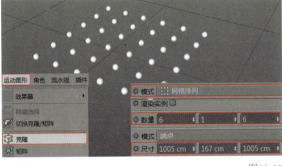

图11-19　　图11-20

11.1.2 地形的创建

01 使用"地形"工具创建地形,然后设置参数并复制组合(复制的地形可自定),如图11-21所示。

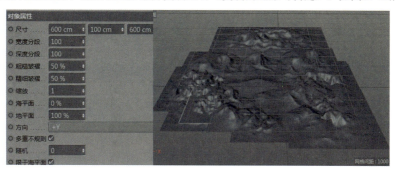

图11-21

02 将创建的抽象几何体和地形模型进行组合,完成星球海报场景的模型制作,如图11-22所示。

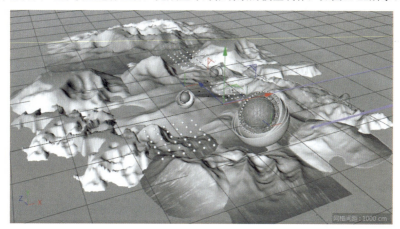

图11-22

11.2 设置材质

本节创建场景中模型的材质,本案例需要制作抽象几何体和雪山等的材质。

11.2.1 抽象几何体材质

创建空白材质,双击进入"材质编辑器"窗口,勾选"反射"选项,设置"类型"为GGX,"粗糙度"为20%,"亮度"为100%,"菲涅耳"为"导体","预置"为"钢","强度"为100%,如图11-23所示。

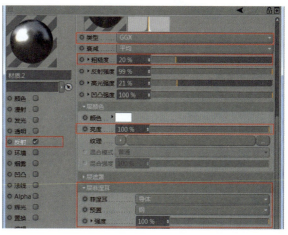

图11-23

11.2.2 雪山颜色材质

01 创建空白材质，双击进入"材质编辑器"窗口，具体参数设置如图11-24和图11-25所示。

操作步骤

① 勾选"颜色"选项，设置"颜色"为（R:56,G:65,B:76），"亮度"为100%。

② 在"纹理"通道中加载"融合"贴图。

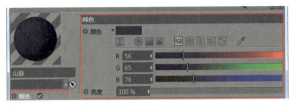
图11-24

图11-25

02 单击"融合"进入融合属性面板，勾选"使用蒙板"选项，在"混合通道""蒙板通道"和"基本通道"中分别加载"噪波""地形蒙板"和"图层"贴图，如图11-26和图11-27所示。

图11-26

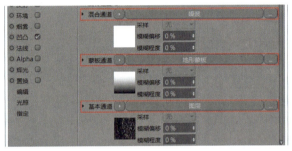
图11-27

03 单击"基本通道"，创建3个"噪波"通道，如图11-28所示。

04 单击第1个"噪波"通道进入其属性面板，设置参数，如图11-29和图11-30所示。

图11-29

图11-30

05 单击第2个"噪波"通道进入其属性面板，设置参数，如图11-31和图11-32所示。

图11-31

06 单击第3个"噪波"通道进入其属性面板,设置参数,如图11-33和图11-34所示。

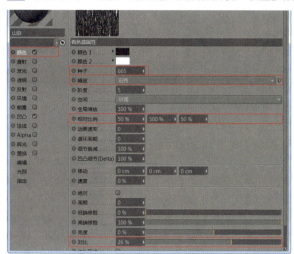

图11-33

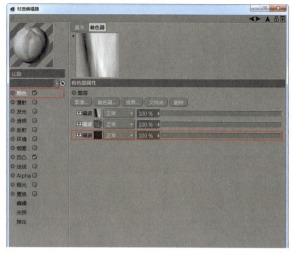

图11-34

07 设置完参数后,更改3个"噪波"通道的图层类型分别为"覆盖""加深"和"正常",如图11-35所示。

08 返回"融合"属性面板,单击"蒙板通道"的"地形蒙板"并设置参数,如图11-36和图11-37所示。

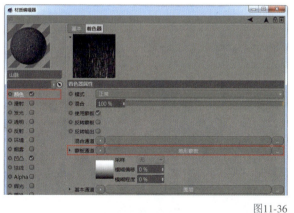

图11-36

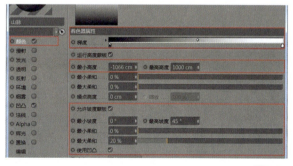

图11-35

图11-37

09 返回"融合"属性面板,单击"混合通道"的"噪波"并设置参数,如图11-38和图11-39所示。

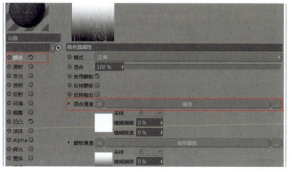

图11-38

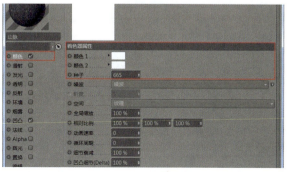

图11-39

11.2.3 雪山凹凸材质

01 创建空白材质，双击进入"材质编辑器"窗口，勾选"凹凸"选项，在"纹理"通道中加载"图层"选项，如图11-40和图11-41所示。

图11-40

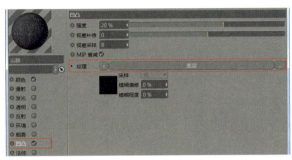

图11-41

02 单击"颜色"选项，进入"融合"的属性面板，在"蒙板通道"的"地形蒙板"上单击鼠标右键，在弹出的菜单中选择"复制着色器"选项，再单击"凹凸"选项，进入"图层"的属性面板，最后在"着色器"上单击鼠标右键，在弹出的菜单中选择"粘贴着色器"选项，如图11-42和图11-43所示。

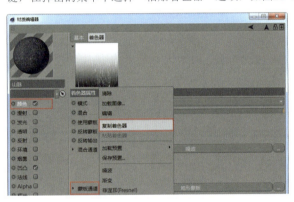

图11-42

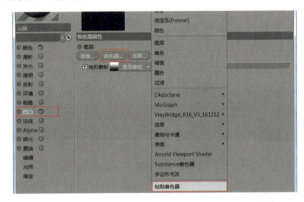

图11-43

03 在"凹凸"选项中创建"噪波"并设置参数，如图11-44和图11-45所示。

04 将创建的材质分别赋予相应的模型，效果如图11-46所示。

图11-44

图11-45

图11-46

11.3 设置环境

01 新建一个材质并创建一个天空对象,执行"窗口>内容浏览器"菜单命令,打开"内容浏览器"窗口,将预置材质"preset://Prime.lib4d/Presets/Light Setups/HDRI/HDR018.hdr"直接拖曳到天空材质的"发光"通道中,如图11-47和图11-48所示。

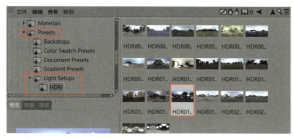

图11-47

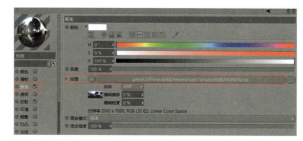

图11-48

02 拖曳天空材质赋予天空对象,按快捷键Ctrl+B打开"渲染设置"窗口,接着在"渲染设置"窗口中单击"效果"按钮,选择"全局光照"选项,如图11-49所示。

03 按快捷键Ctrl+R进行渲染,效果如图11-50所示。

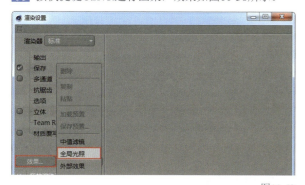

图11-49

图11-50

11.4 后期处理

01 在Photoshop中导入渲染好的效果图,创建两个"曲线"调整图层,然后调整第1个"曲线"调整图层的RGB曲线、红色曲线和蓝色曲线,接着调整第2个"曲线"调整图层的RGB曲线,同时用黑色柔边"画笔工具"在第2个"曲线"调整图层的蒙版中涂4个角以外的区域,做出一种暗角效果,最后创建"色相/饱和度"调整图层,设置"饱和度"为12,如图11-51所示,效果如图11-52所示。

图11-51

图11-52

02 新建空白图层，命名为"图层1"，设置前景色为（R:247,G:133,B:32），接着使用柔边"画笔工具"在抽象几何体上绘制出光晕效果，如图11-53所示。

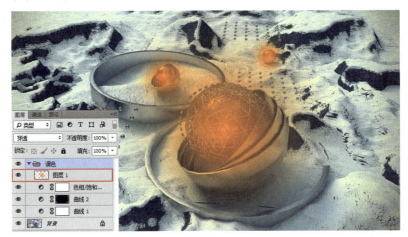

图11-53

03 设置"图层1"图层的混合模式为"柔光"，如图11-54所示。

图11-54

04 用"横排文字工具"在画面中输入文字作为装饰，最终效果如图11-55所示。

图11-55

第 12 章

RealFlow 流体风格：啤酒海报

本章讲解啤酒海报的制作，案例最终效果如图12-1所示。

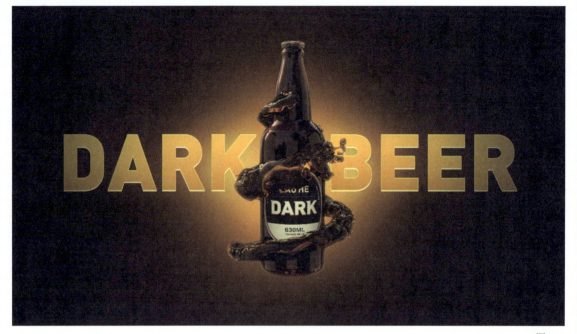

图12-1

◎ 视频名称　RealFlow流体风格：啤酒海报
◎ 实例位置　实例文件 >CH12>RealFlow流体风格：啤酒海报
◎ 学习目标　掌握RealFlow流体风格海报的制作方法

12.1 流体插件RealFlow

　　RealFlow是由西班牙Next Limit公司出品的流体动力学模拟软件，可以模拟液体、气体等的运动效果。RealFlow在Cinema 4D中是以插件的方式运行的。安装了RealFlow插件后的Cinema 4D的菜单栏会出现RealFlow菜单，如图12-2所示。

图12-2

12.2 创建模型

本案例需要创建两个模型，啤酒瓶和旋转液体，如图12-3和图12-4所示。

图12-3　　　　　　　　　　　　　　　　　　　　　图12-4

12.2.1 啤酒瓶模型的创建

01 在属性面板中单击"模式>视图设置"选项，然后在"背景"选项卡的"图像"通道中加载学习资源中的啤酒瓶图片，接着沿酒瓶外轮廓进行勾勒，如图12-5和图12-6所示。

02 将勾勒好的样条线放置在"旋转"子级位置，完成啤酒瓶外形的创建，如图12-7所示。

图12-5　　　　　　　　　　图12-6　　　　　　　　　　图12-7

03 打开啤酒瓶的图片，用"画笔"工具沿着啤酒瓶的外轮廓绘制样条线，并对绘制好的样条线进行旋转，如图12-8和图12-9所示。

04 创建一个圆柱，将其转换为可编辑对象，选中最外围的边进行调整，如图12-10所示。

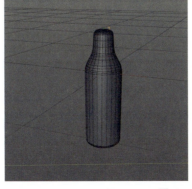
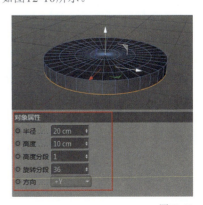

图12-8　　　　　　　　　　图12-9　　　　　　　　　　图12-10

05 选中圆柱的外轮廓边线，沿y轴继续挤压两次，如图12-11所示。

06 选中下面的面，单击鼠标右键，在弹出的菜单中选择"挤压"工具向内挤压-8cm，如图12-12所示。

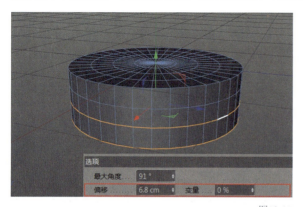
图12-11

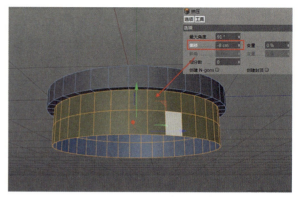
图12-12

07 选中底部的面，对其进行挤压，如图12-13所示。

08 保持选中的面不变，然后将其沿y轴进行向下移动1cm左右，并删除多余的面，如图12-14所示。

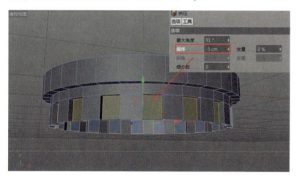
图12-13

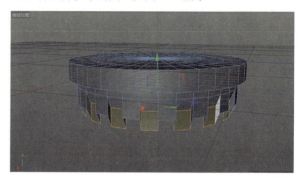
图12-14

09 选中圆盘最底部的分段线，然后将"尺寸"中Y的数值设置为0cm，使其对齐，如图12-15所示。

10 对挤压好的瓶盖模型使用"细分曲面"命令，如图12-16所示。完成啤酒瓶模型的创建，如图12-17所示。

图12-15

图12-16

图12-17

12.2.2 旋转液体的创建

01 创建一个"螺旋"样条线并进行设置，如图12-18所示。

02 单击菜单栏中的RealFlow选择"场景"选项，如图12-19所示。

第12章 RealFlow流体风格：啤酒海报

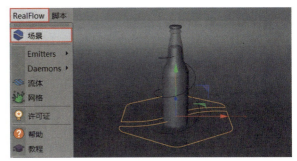

图12-18　　　　　　　　　　　　　　　　　　　　图12-19

03 选择"圆"发射器，在场景中单击创建并放置在啤酒瓶模型相应的位置处，如图12-20所示。

04 为场景添加"网格"，单击"向前播放"按钮 ▷ 进行播放，发现流体并没有按照螺旋线进行流动，如图12-21所示。

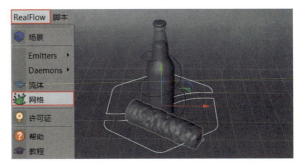

图12-20　　　　　　　　　　　　　　　　　　　　图12-21

05 在RealFlow的下拉菜单中选择"Daemons>D样条"选项，然后将"样条对象"设置为"螺旋"，如图12-22所示，效果如图12-23所示。

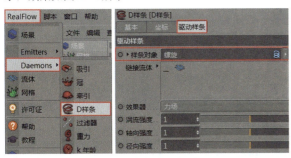

图12-22　　　　　　　　　　　　　　　　　　　　图12-23

06 单击"向前播放"按钮 ▷ 进行播放，观察到效果并不是特别理想，如图12-24所示。

07 单击"圆"发射器，设置"发射"的Speed（速度）为200cm，接着在"D样条"的"驱动样条"选项卡中设置"径向强度"为50，如图12-25和图12-26所示，流体效果如图12-27所示。至此，啤酒海报的模型创建完成。

图12-24　　　　　　图12-25　　　　　　图12-26　　　　　　图12-27

12.3 设置材质

本节创建场景中需要的材质，本案例需要创建啤酒瓶盖和啤酒瓶等材质。

12.3.1 啤酒瓶盖材质

创建空白材质，双击进入"材质编辑器"窗口，具体参数设置如图12-28和图12-29所示。

操作步骤

① 勾选"颜色"选项，设置"颜色"为（R:44,G:35,B:26），"亮度"为100%。

② 勾选"反射"选项，设置"类型"为GGX，"粗糙度"为5%，"亮度"为53%，"菲涅耳"为"绝缘体"，"预置"为"沥青"，"强度"为100%，"折射率（IOR）"为1.635。

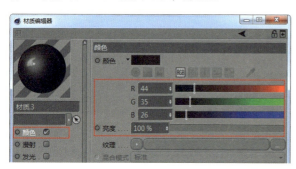

图12-28

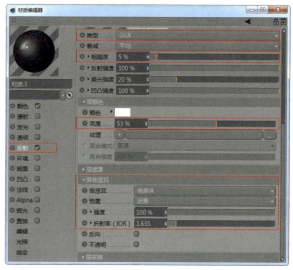

图12-29

12.3.2 啤酒瓶材质

创建空白材质，双击进入"材质编辑器"窗口，具体参数设置如图12-30和图12-31所示。

操作步骤

① 勾选"透明"选项，设置"颜色"为（R:185,G:142,B:63），"亮度"为100%。

② 勾选"反射"选项，设置"类型"为GGX，"亮度"为100%，"菲涅耳"为"绝缘体"，"预置"为"玻璃"，"强度"为100%，"折射率（IOR）"为1.517。

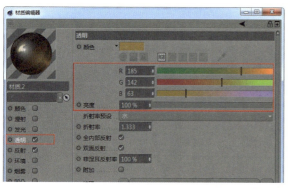

图12-30

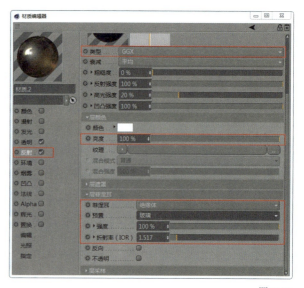

图12-31

12.3.3 啤酒液体材质

创建空白材质,双击进入"材质编辑器"窗口,具体参数设置如图12-32和图12-33所示。

操作步骤

① 勾选"透明"选项,设置"颜色"为(R:185,G:144,B:107),"亮度"为100%,"折射率预设"为"水","折射率"为1.333。

② 勾选"反射"选项,设置"类型"为GGX,"菲涅耳"为"绝缘体","预置"为"水","强度"为100%,"折射率(IOR)"为1.333。

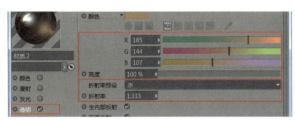

图12-32

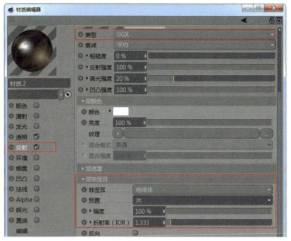

图12-33

12.3.4 啤酒瓶贴图材质

01 创建空白材质,双击进入"材质编辑器"窗口,具体参数设置如图12-34~图12-36所示。

操作步骤

① 勾选"颜色"选项,在"纹理"通道中加载瓶标图片,设置"亮度"为100%。

② 勾选"反射"选项,设置"类型"为GGX,"粗糙度"为5%,"亮度"为53%,"菲涅耳"为"绝缘体","预置"为"沥青","强度"为100%,"折射率(IOR)"为1.635。

③ 勾选Alpha选项,在"纹理"通道中加载瓶标图片。

图12-34

图12-36

02 将创建的材质赋予相应的模型,效果如图12-37所示。

图12-35

图12-37

12.4 添加灯光

本节为场景添加灯光，本案例需要创建一盏主光源和一盏辅助光源，位置如图12-38所示。

12.4.1 主光源

在整个场景的前方添加主光源，参数设置如图12-39所示。

操作步骤

① 在"常规"选项卡中设置"颜色"为（R:255,G:255,B:255），"强度"为140%，"类型"为"区域光"，"投影"为"光线跟踪（强烈）"。

② 在"细节"选项卡中设置"衰减"为"平方倒数（物理精度）"，"半径衰减"为500cm。

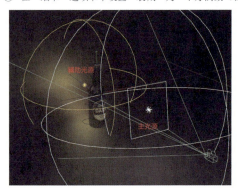

图12-38

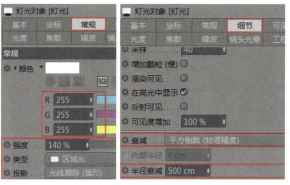

图12-39

12.4.2 辅助光源

在整个场景的后方添加辅助光源，参数设置如图12-40所示。

操作步骤

① 在"常规"选项卡中设置"颜色"为（R:161,G:125,B:88），"强度"为200%，"类型"为"泛光灯"，"投影"为"无"。

② 在"细节"选项卡中设置"衰减"为"平方倒数（物理精度）"，"半径衰减"为500cm。

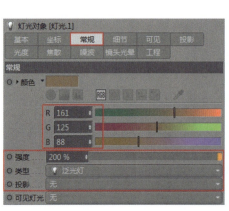
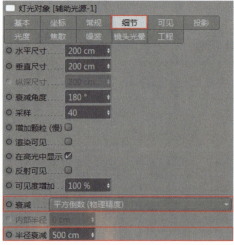

图12-40

12.5 设置环境

01 新建一个材质并创建一个天空对象,然后执行"窗口>内容浏览器"菜单命令,打开"内容浏览器"窗口,将预置材质"preset://Prime.lib4d/Presets/Light Setups/HDRI/tex/HDR012.hdr"直接拖曳到天空材质的"发光"通道中,如图12-41和图12-42所示。

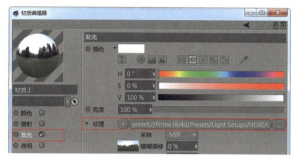

图12-41　　　　　　　　　　　　　　　　　　　　　图12-42

02 拖曳天空材质赋予天空对象,按快捷键Ctrl+B打开"渲染设置"窗口,接着在"渲染设置"窗口中单击"效果"按钮,选择"全局光照"选项,如图12-43所示。

03 按快捷键Ctrl+R进行渲染,效果如图12-44所示。这时渲染出来的效果并不是特别的理想,虽然整体效果已经渲染出来了,但是场景过暗且细节部分需要优化。

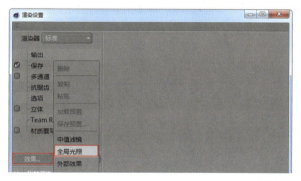

图12-43　　　　　　　　　　　　　　　　　　　　　图12-44

04 选择几何工具组中的"平面"工具创建多个平面,作为反光板(反光板的尺寸根据整个场景的大小自定即可)放置在场景当中,如图12-45所示。渲染并观察,效果如图12-46所示。

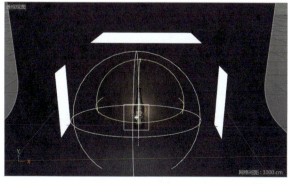

图12-45　　　　　　　　　　　　　　　　　　　　　图12-46

05 在Photoshop中对渲染出来的效果图进行明暗对比和饱和度调整,然后在画面中加入一些文字,用来装饰版面,最终效果如图12-47所示。

图12-47